20幾歲一定要懂的創業策略

徐旻蔚——著

Foreword 前言

雖然可以理解很多人為了創業不惜排除萬難，包括力排家人的反對聲浪、費盡千辛萬苦只為了籌措資金……等等，豈可輕言說放棄？

世界上的任何事都需要學習：打從我們出生就要學習如何爬行、站立、奔跑；在校的群體生活，是為了學習社會化的過程；遇到心儀的對象，要學習如何追求與談戀愛；成家立業後，要學習怎麼維持家庭關係；身為人父、人母後，還要學著怎麼當稱職的雙親……等等。

沒有人天生下來就知道如何創業才能成功，但是我們可以透過不斷的嘗試，找出最可能成功的那條路。

俗話說「失敗為成功之母」，許多成功的企業家最常給新進創業者的忠告也是「不要害怕失敗」。

當然，偶爾也有那種第一次創業就上手的人，但或許這些成功的實例只是剛好在某方面迎合了市場需求，並不代表當其他對手也加入市場時還能保持領先。

很多創業者常因為這種特別幸運的案例而立下「必須做出一番大事業」的志願，最後不只散盡個人資產，還讓自己背負龐大的貸款或人情。當然，這是個人選擇的問題，所以我們不能說這樣的創業方式一定是錯的，但是有如涓涓細流的經驗累積，其實更適合創業新手。

例如我們想透過網路拍賣女性服飾，不妨先投入數千至萬元的進貨成本測試市場反應，即使失敗也沒關係，因為下次當我們捲土重來時，一定會比上次更清楚消費者喜好、網路族群的操作和網路拍賣的流程。

就算是全球性的企業，也會有犯錯的時候，他們同樣必須在錯誤中學習。所以真正能引導我們創業成功的方法，就是反覆不斷的嘗試，終將引導我們找出正確的創業路線，此時再投入較大的資金，才更有機會結成豐碩的果實。

妄想一步登天的心態的確不可取，選擇循序漸進、穩扎穩打的創業路線才是更實際的作為。

「創業」一事說穿，就是個築夢的過程。創業者需要的，只是越挫越勇的勇氣與毅力。在這永無止盡的追夢過程裡，「東山再起」不會只是神話。

Contents 目錄

Contents 目錄

Part 4 品牌發展　127

Part1

為何你需要創業

想要讓財富增加，必須回歸老祖宗的智慧：「開源節流」。可是緊抱著辛苦賺來的血汗錢不放，雖然可以視為「節流」，卻不會讓自己變成更有錢的人。

1

創業，是開源的另一條路

在以前的生活裡，誰有「管道獲得資訊」，誰就比較容易勝出，在現在的生活裡，誰有「能力吸收資訊」，誰就比較容易勝出。

當物價在某一時段內，以相當幅度一波波且持續性地漲價，則會對整個社會造成困擾。例如臺灣目前「萬物皆上漲，唯有薪水不會漲」的情況，讓人民深感荷包縮水的壓力，當然很難掏錢消費，貨幣往來即呈現停滯的狀態，國內的經濟市場自然呈現萎縮的狀態。

如何累積個人財富

想要讓財富增加，必須回歸老祖宗的智慧：「開源節流」。可是緊抱著辛苦賺來的血汗錢不放，雖然可以視為「節流」，卻不會讓自己變成更有錢的人，因為幣值很可能被通貨膨脹的速度吃掉。當然有些較為積極的人，願意選擇在不上班的時間兼職，以此賺取外快。但如果不知道如何運用這些收入，終究只能眼睜睜看著自己的血汗錢越來越不值錢。

銀行定存或儲蓄險，或許是一個可行之道。可是以臺灣共36間銀行的平均利率看來，三年期定存的固定利率僅有1.429%。不論以單利或複利計算，獲得的報酬是否值得，有時候見仁見智。但對大部分人來說，不見得認為利息可以抵抗通膨的成長速度，因此部分專家學者並不認為把錢放銀行就是累積財富的好方法。

當然有人轉而購買基金、股票、外匯、期貨、房地產、黃金……等等，企圖透過限額投資獲得報酬——「錢滾錢」的「開源」概念，是當今常見的理財觀念。相對缺點則是若非有研究的人，很可能進場後大賠退場，所以對於某些心態較為保守的投資人來說，也並不是那麼適合。

想要創造財富，難道就沒有其他方法了嗎？

2011年，擁有多張證照的電腦工程師任海維，轉行賣起滷味；2013年，台中一家剛開幕的炸雞排攤，老闆宋耿郎竟是頂著政治大學博士生高學歷的知識分子；72年次的柯梓凱，從2006年開始，以攤車創業賣茶飲，至今全台分布至少120家店，事業版圖甚至擴及馬來西亞、印尼與中國；

另一對同樣是七年級生的情侶，頂著世新大學畢業的學歷，靠三萬元起家賣蔥抓餅，一天工作7小時，兩個月回本，至今收入比上班族還穩定。

創業和前述的投資手法比起來，不只入門門檻較低（三萬元就能靠賣蔥抓餅白手起家），而且不一定需要耗費大量心力全盤了解複雜的市場機制——著重個人或產品優勢，殺出一條血路者所在多有；最重要的是，小型創業如果不在意天花板效應，也沒有遇上大社會及經濟結構的巨變，事業穩定成長獲利潤持平的可能性相對較高，而不用因為一秒鐘幾十萬上下提心吊膽不已。

可是我們也要知道，雖然這些案例看起來讓人很心動，但另一方面，臺灣每年，甚至每天因為創業失利而退出市場的人，遠比這些成功案例還多，所以創業並不如我們想像的那麼輕鬆。

一如網路上流傳著一名鴻海工程師質問郭台銘的文章《為什麼爆肝的是我，首富卻是你？》，郭台銘先生如此回答：

「第一：三十年前我創建鴻海的時候，賭上全部家當，不成功便成仁；而你只是寄出幾十份履歷表後來鴻海上班，而且隨時可以走人。

第二：我選擇從連接器切入市場，到最後跟Apple合作，是因為我眼光判斷正確；而你在哪個部門上班，是因為學歷和考試被分配的。

第三：我24小時都在思考如何創造利潤，每一個決策都可能影響數萬個家庭生計，與數十萬股民的權益；而你只要想甚麼時候下班，跟照顧好你的家庭。」

雖然我們可以從這段對話看見創業的艱辛，卻不代表創業必須開拓成像鴻海這般的大型企業，可以視個人狀態彈性調整；但鴻海絕對是從創業起家的。

不論你是對未來充滿熱情，或是自認具有極佳條件，還是試圖改變現有生活的人，即使世事有一好沒二好，起碼「創業」很公平地給我們每個人至少一次扭轉乾坤的機會。要知道「機會永遠留給準備好的人」。

所以創業前勢必做好全面分析，才能「知己知彼，百戰百殆」。

2

創業失敗的高風險族群

如果創業是累積財富的另一種方向，當然沒有人希望失敗。不過既然必須從「坐而言不如起而行」開始，當然要先檢視自己「適不適合」創業。

根據諸多專家學者的歸納，以下幾種人基於各種條件，創業失敗的機率較高。當然，如果可以從中改掉那些招致失敗的原因，恭喜你，這就是你為了創業跨出去的第一步。

1. 應屆畢業生，

優點：人生有夢最美

學生永遠是對未來最具熱情與夢想的人——回想我們還在念書的時代，不論將來的目標是甚麼，我們都認為「努力就有回收」是工作的遊戲規則。然後好不容易畢業、正式踏足社會了，終於有機會施展抱負，未來一定越來越美好……這種雀躍，是學生的專利。

所以就算創業後的報酬不如預期，也澆不息他們心中那股熱情。沒有包袱的負擔，亦是學生有利的優勢。與已婚或必須撫養長輩的上班族相較，「一人飽就是全家飽」是他們的寫照，所以學生不需要顧慮創業失敗後，配偶與小孩該何去何從的問題，自然更有破釜沉舟、放手一搏的心理準備。

缺點：實務經驗不足

失業率居高不下，讓許多學生面臨「畢業即失業」的窘境，因此有人呼籲學生創業以解決就業困難。但事實真是如此嗎？學生創業最容易失敗的原因，即「夢想大多不脫幻想的範圍」。

例如學生發下當國際名導的宏願，但不一定知道該怎麼做、做甚麼才能達到這個目的。有日標固然是好事，但創業非兒戲，不是靠嘴上功夫就做出事業。另一個原因與臺灣現階段教育有關。若非產學合作的學校，許多人畢業後往往發現課本教的和實務操作不同，就算有工作經驗的學生亦然。

首先必須知道，「學生」是一種多數人認為應予以特別優惠的身分，本分當為「把書讀好」。所以多數雇主聘用學生時，也只會交辦簡單的庶務，像是打字、報表製作……等。又如曾在咖啡廳打工而知道飲料、餐點如何製作的學生，可能因此打算畢業後開一間自己的咖啡廳，卻不曾認真評估該向哪個廠商叫貨、材料成本及數量估算。

或是在手搖杯飲料店打工的學生，也鮮少能一窺行銷優惠與展店策略的秘密，當然無法接觸經營公司的核心運作。更遑論許多關於創業的事前功課，包括管理經驗、人脈、眼界……等等，通常是進入職場後才具備這些能力。

2.上班族

優點：實務能力、產業知識一應俱全

大部分人離開學校後，通常會選擇較為安穩的雇員職涯。應徵工作時之所以願意讓老闆支薪雇請，原因不出具有某些特殊專業（例如電腦工程師）、工作所需的個人特質（例如業務需要外向、大方、活潑）、或是令人值得肯定的工作經驗。

雖然滿足以上三個條件，並不代表具有創業的基礎，但卻給了我們擴充經驗、人脈、眼界、資源……等等創業所需條件的門票。

正式踏足社會後，失去了「學生」身分的保護傘，工作內容除了完成主管交辦的任務，尚要考慮如何將工作盡善盡美，以為公司創造更大的利潤與價值，接觸的工作事項更複雜，例如新案提報、業務洽談。因此工作一段時間後，不但對投身的產業具有相當程度的了解，思考事情的模式也被「訓練」得更實際，是影響創業能否成功的致勝點。

缺點：不一定具有當責心態及危機處理能力

「上班族」的身份之所以為許多人的選擇，最大的特徵就在於工作穩定，每個月也有固定薪水可領，而不像自由業或從商人士那般收入不穩定；

再加上上班族多以完成主管交代的工作為主，出了差錯的責任多由主管一肩扛起，甚至同事間還會互相推諉卸責，因為沒人想當主管眼中那個「連工作都處理不好」的壞員工。可是不論是獨資或融資起家的創業模式，成敗只能由個人承擔，往往與多數上班族「只求有工作得以溫飽」的心態完全不同。

其次，上班族的工作內容多為「一定範圍內、以同一套SOP即可完成任務」。例如行政櫃台的職責大多不出收發電子郵件、接聽電話、招待客戶、報表製作……等範圍；就算偶有突發意外，也能在「不至於讓工作不保」的前提下多花一點心力解決。

但是反觀創業時，勢必產生各種應變不及的情況。即使只是個小問題，也沒有一套「只要跟著做就對了」的SOP可參考，只能仰賴個人智慧解決。一但延誤或處理失當，很可能從此鑄下大錯，以致動搖個人事業的案例所在多有。當然，此處僅從「大部分」上班族的情況分析，並非所有人都如此。

3.中年失業

優點：工作累積的經歷，造就卓越的創業條件

職場中有「25歲起跑，35歲起飛」一說。這十年的光陰，就是人們常說的「黃金十年」，意義與「先苦後甘」有異曲同工之妙。

剛踏入社會職場的新鮮人若如果只知道著重眼前的利益，例如工作只求溫飽，卻不願意花時間學習更多專業知識、拓展人脈，也不願意嚴厲要求自己的工作表現，當然很難嶄露頭角，甚至十年後還很有可能停留在基層員工的水準。所有的工作都需要長久的耕耘以累積工作經驗及經歷，所以人們通常不太建議頻繁換工作。

只要確認自己的工作興趣與方向並加以堅持，日積月累下來，不但可以擁有自己的代表作，也因為每種行業的圈子都很小，得以累積個人名氣、彰顯個人價值；對於該產業的操作、走向……等專業知識，自然比別人懂得更多，是「黃金十年」之所以寶貴的原因。

十年之後，「年齡」成為中年族群的另一種武器——高層不太可能拔擢初入公司一、兩年的員工為主管，但35歲的年紀卻非常適合，無疑為自己開了一扇開拓眼界的窗：觀察事物的角度、高度與態度，當然不能與一般職員同日而

喻，反而更接近決策者，所以工作內容的難度越來越高，無疑為創業的先修班。不論從專業領域、個人眼界、解決問題的能力及成熟度而言，中年族群都是非常適合的人選。

缺點：創業不能只憑一口氣

雖然「化危機為轉機」這句話沒錯，但是對於試圖以創業扭轉乾坤的中年失業族群而言，恐怕不是正確的選擇。中年失業固然是所有人都不樂見的情況，但不論是全球景氣衰退導致公司不得不裁員，或是自己的能力的確無法應付工作所需而被辭退，常讓中年失業者備受打擊，尤以男性為最。

雖然中年族群擁有不少優勢的創業籌碼，但很多中年創業者，有時候並非出於熱情，而是為了爭一口氣，試圖證明給親朋好友看看自己的實力，才鋌而走險選擇創業一途，卻忽略了創業所需的條件不只是專業能力好不好、人脈廣不廣、經驗豐不豐富而已，還要更多「身為上班族」沒辦法學到的事。

諸如精準的判斷眼光，才能找出商品賣點；研判市場風向，談判時才能說服對方；對商場的敏銳度，才能擬定優秀的行銷策略……等等。更何況一個中年失業的人，可能根本不確定為什麼被資遣。如果是個人能力不足的關係便貿然投資，豈不是要求不會走路的小孩先學會奔跑？是本末倒置的行為。

另外一種人則是因為自認懷才不遇，例如與公司理念不合、和同事／主管相處不愉快、努力工作卻無法得到等值回饋（包括薪水及心理層面得不到滿足）……等等，因此選擇「半途出家」，決定利用現有資源或專長創業。

可是話說回來，已過而立之年的自己，如果只是得不到少數老闆的青睞，或許情有可原，但工作至少快十年的時間卻總是無法得到老闆認同，若非不知道如何展現個人價值，就是溝通能力有待加強。

連老闆都無法說服的人，又怎麼能在創業後博取客戶的信任？況且連職場的現實壓力都無法處理，又怎麼能一廂情願地認為創業可以給自己安慰？

正如人們說「失敗者沒有抱怨的理由」，源於不懂得自我反省及改進，只能重蹈失敗的覆轍。真正創業會成功的的人總能活躍於職場，最後才能走出與眾不同的路。

4.高階經理人

優點：萬事俱備，只欠東風

身為上班族，莫不希望自己步步高升：組長、主任、課長、經理、處長、協理、副總、總經理、總裁，是較常見的升遷階級。能夠被公司萬中選一成為眾人之上，必定具有絕佳的管理者特質，這也是創業人士不可或缺的條件。高升的階級這麼多，卻不能將每個階級的主管放在同一個水準檢視，就像「總裁」和「組長」同屬於「高階經理人」的範疇，但不代表後者一定具有勝任總裁的能力。

而且許多公司任命高層幹部時，通常「年紀」也會被列入考量重點——倒不是說年輕人能力不好，但多數公司的決策高層仍以年齡大者為主。

一方面是擔心年輕的主管難以讓下屬心服口服（尤其部門內有年紀較長的職員）；另一方面則是50歲和35歲的人，前者比後者至少多了15年的經驗，對於產業的分析當然更精準，甚至以「爐火純青」來形容也不為過，當然做出的決策較全面周到。

因此高階管理的職缺由長者出任，也是很合理的事。如果說中年族群因為工作累積的經歷，造就卓越的創業條件，那麼高階經理人，就是「萬事俱備，只欠東風」的境界。

缺點：「管理」不等於「領導」

以臺灣中小企業的發展模式而言，員工人數低於100人的公司為大宗。因此對許多臺灣雇主來說，只要某人工作表現亮眼（例如業績終年長紅），或是交辦的任務總能如時完成，就達到了老闆想請這個人代為「管理」部門員工的條件，而非看中對方的「領導者」特質。（這種現象其實舉世皆然，肇因於臺灣的企業型態以中小型為主，所以特別嚴重。）「管理」與「領導」兩者最大的差別，在於前者比較著重知識與技能取向，後者則為氣質與態度取向。

舉例而言：當我們還是學生時，班上總有一、兩個風雲人物，往往也是某個小團體的重要核心。不管這個人說或做了甚麼，和他同一個圈圈的同學就會跟著有樣學樣，甚至擴大成為整個班級的「潮流」，這是領導者特質。

反觀班上的重要幹部，像是風紀股長，並不能像這種人一呼百諾地讓大家主動遵守秩序，卻可以公正地記名以維持班上秩序，這就是好的管理者。

「管理」可以透過後天循序漸進地學習，「領導」卻牽涉個人特質，很難模仿，所以團隊中有90%的人是群眾，9%的人適合擔任幹部，僅有1%的人具有領導者特質。但以台灣現階段企業老闆只重管理、忽略領導的拔擢前提下，許多主管只是「比較會做事」的好員工，就像班長通常是課業成績最好的同學一樣，所以這種主管不一定能讓下屬心甘情願地追隨，更不用說凝聚部門向心力以「帶領」團隊。

讓我們回顧一下中國的三國故事：被視為神機妙算的諸葛亮，自主公劉備逝世後，即使其子劉禪是個「扶不起的阿斗」，基於效忠蜀國的意志，諸葛亮仍堅持日理萬機，為了江山大業鞠躬盡瘁，最後下場以現代話解釋就是「過勞死」，導致蜀漢政權的人才斷層，讓「光復漢室」成為空談。

一如孔子所言，師者傳授學問時該因材施教；身為一個領導者，就該掌握「知人善任」的原則：發現部屬的個人特質與長處，再「適才適所」發配合適的任務，而不是像諸葛亮當個「事必躬親」的蜜蜂型領導，不懂得權力下放。

我們可以想見：雖然創業初期的員工數目不會太多，可是當公司規模發展得越來越龐大時，除了員工數量的增加，工作量也必然大增，因此不得不將工作分門別類（也就是「部門」的產生），交由專業人才負責。

此時身為總裁的自己不可能親力親為每一件事，應將重點放在挖掘深具才幹的下游領導者，是創業成功的不二法門——這些往往是臺灣現階段僅具備「管理」能力的主管所缺乏的。

3

創業人必備的四大素質

曾經有人這樣形容：「趨勢就像一匹馬，如果在馬後面追，你永遠都追不上；唯有騎在馬上，才能和馬一樣的快，這就叫馬上成功！」

前述所說「創業失敗高風險族群」，是從人們在社會中扮演的角色及職稱歸納出的解釋，但不能以偏概為地說以上這四種人創業就必定失敗。

創業固然是一道可以改變生活、累積財富的窗，但不是所有人都適合創業，肇因於每個人的家庭／成長背景不盡相同，個性與思考模式的發展也各異。

這並沒有好壞之分，就像有人認為平凡無奇是幸福，也有人覺得人生要大起大落才叫精彩。但是如果想要第一次創業就上手，那接下來討論的四大素質，則為創業人必備的條件：

事業心

事業心並非字面上看起來的那樣，一定要以事業為重才叫做有「事業心」，必須包含以下幾個面向：

積極創造，來自對信念的「熱情」

不論創業是為了讓口袋越來越深，還是真的想把某個猶如瑰寶的商品推展給大眾、讓生活更便利，例如Apple創辦人Steve Jobs當初以「帶著3,000首歌隨身走」概念而研發出的iPod。

創業過程一定會遇到重重關卡：財務危機，或是眾叛親離（至親者不見得一定能認同你的理念或行為），唯有堅持當初想要創業的那份熱情——信念也好，初衷也好，才是得以支持自己走過千山萬水的依靠。

我們可以把創業視為情侶步入禮堂：所謂「相愛容易相處難」，生活中大大小小的枝微末節，都可以是兩人口角的引爆點。許多離異的夫妻就是在這種日復一日的爭吵中消磨了對對方的愛，最後選擇分開。

可是白頭偕老的夫妻亦大有人在，原因無他，只在於雙方非常重視「兩個人在一起」這件事。也因為這種異常的堅持，他們會積極尋求妥協的方式——就像創業遇到困難，應該要想辦法解決問題，而不是怨天尤人地說：「生不逢時」或「遇到不對的人」。——夫妻二人最後才能想出一個「別人無法適用」的解決之道，一如企業創造出他人模仿不來的價值（或想都沒想過的策略）。

言行一致，建立「責任感」口碑

我們都被教育「責任感」是一種美德，但有趣的是，人的行為卻常與之背道而馳。就像不小心打破碗的寵物狗，因為害怕主人責罵，夾著尾巴躲起來一樣，是一種自我逃避的「鴕鳥心態」。試想一下：自己有沒有遇過工作出差錯，就把問題歸咎在別人身上的同事？又曾經看過幾個人，勇於面對他人的指責？

「責任感」這三個看似簡單的字卻很難被落實，是因為多數人只想用「視而不見」的心態，避免事後的懲罰——同事害怕承認錯誤代表自己無能而被公司開除，老闆擔心承認錯誤代表自己無能，難以建立威嚴。

但是身為創業家，面對廠商或客戶的怨言時，如果坦承商品不夠好，是否代表自己不值得對方信賴？但是不承認，也等於宣告結束雙方的合作關係（想必對方以後不會再把訂單交給自己或購買公司產品）。反正承不承認都會流失客戶，所以不承認就是比較好的做法嗎？

舉凡世界各大廠牌之所以能屹立不搖數十甚至數百年，在於長年累積的「商譽」。例如早期Apple以絕佳的售後服務，養出忠貞不二的蘋果迷——就算手機只是壞了一個按鈕，仍會換一台全新品給用戶。手機壞了的事實背後，代表的原因可能是消費者的使用方式不正確，例如用力過猛，也可能是商品本身有瑕疵，但Apple卻選擇不和消費者爭論，反以這種補償方式表示該企業對商品願意負責任的立場，最終贏得大眾信任。

又如你我就算沒遇過，起碼也聽別人講過不負責任的業務員，接洽時如何講得天花亂墜，簽約後又如何逃避責任。從這兩個例子可以發現，一間企業是否具有責任感，往往來自言行是否一致——答應過的承諾務必實現，就必須思考今日拍胸脯保證的事能不能被落實，並由此延伸出「務實」的觀念。

「務實」與「現實」差了一個字，意義卻差了十萬八千里。務實的創業者代表願意犧牲自己的利益，創造雙贏甚至多贏的結果；現實的創業者，只考慮對自己有益的事，並不會在乎他人如何被犧牲。像前述Apple的例子，若只想到幫客戶換一隻新手機的代價多高、公司每年必須因此虧損多少錢，永遠都不會有這麼為人津津樂道的商譽，更別說能從2012年五百大企業第55位的排名，一口氣於2013年晉級為第19位了。

「理性與感性」，成就永續經營

俗話說：「羅馬不是一天造成的」，任何事情從來不是一蹴可幾。哪怕創業者心中懷抱多遠大的目標，也不可能馬上坐收豐碩的果實，所以創業前務必做好奮戰數年的心理準備，包括心態上必須耐心沉著，年復一年地耕耘；行為上必須備妥可以支撐數年的資金（視評估結果決定時間長短）、正確的市場策略……等等，否則極可能落入「欲速則不達」的結果。

以上這些只是基本的創業準備。如果想讓公司在激烈的競爭中脫穎而出，還需要「創造」與「邏輯」的雙重並用。

有些人天生感性，得以激發出驚人的創造力，卻沒有可以將理念轉化成價值和效益的理性思維，也是空談。君不見無人不知、無人不曉的畫家梵谷，因為不懂得自我宣傳，生前沒人看得起，窮困潦倒終其一生，死後卻聲名大噪，沒人買得起。

如果準備創業的你無法平衡左右腦，建議邀請可以和自己互補的合作對象加入團隊，建立諸葛亮與張飛的合作關係——因「桃園結義」而排行老三的張飛，人稱「萬人敵」，孔武有力，性格耿直，最大的缺點就是缺乏理智思考，常逞一時之快，卻與軍師諸葛亮有著不言而喻的默契，點將之後必定悉心為之，屢創奇功，無怪乎諸葛亮樂意派人送佳釀給嗜酒如命的張飛，即使他常因醉酒而誤事。

學習能力

「活到老，學到老」，是許多成功創業者的座右銘。說起來容易，但做起來難。提個有趣的問題：假設自己走到叉路口，一條路看起來風光明媚，另一條陰森險惡，你會選哪一條？多數人會選擇看起來相對安全的路，原因就是人的天性——「好逸惡勞」。此處並非單指好吃懶做，而是人們容易耽溺於不需改變的現況，也就是「習慣」。

但是最安全的路，從來不代表風險等於零，就像許多人爭先恐後地報考錄取率極低的公職，只因為看見穩定，以及鐵飯碗的工作特質；很多人打從心裡抗拒創業，只因為覺得現在的自己領一份固定薪水、起碼不用擔心下一頓沒有著落的生活還算過得去。但是當習慣不得不被迫改變時——趨近羅馬化的臺灣，未來勢必有裁員、減薪、砍福利的可能。

沒有其他技能的公職人員，很可能最後只能和被公司裁員的上班族一樣，面臨中晚年的失業危機。套一句金融投資界的名言：「風險越大，報酬越高」。創業，絕對是風險最高的投資。如何讓有限的可能內把風險降到最低，就是不斷地學習，讓有力的自己今天就行動，而不是一昧期待遙遠的明天。

趨勢就是企業的未來

曾經有人這樣形容：「趨勢就像一匹馬，如果在馬後面追，你永遠都追不上；唯有騎在馬上，才能和馬一樣的快，這就叫馬上成功！」

1950至1990的40年間，臺灣的「經濟奇蹟」曾是令人何等驕傲的專有名詞——臺灣不只並列亞洲四小龍，更有「臺灣錢淹腳目」一說，可見當時是個何等輝煌的年代。也是從這時候開始，商辦大樓、中小企業如雨後春筍般林立。

那些搭上黃金列車的創業家們，不只資產瞬間暴漲，自信也開始膨脹：多數的他們認為是自己的獨具慧眼造就今日的豐收。當時代變動，營業成績大不如前的時候，他們完全忽略了當初的成功全拜趨勢所賜，而非個人努力。所以寧願執著於自己的判斷、把問題歸咎於別人（例如員工不夠努力），也不願正視真正的問題。

一如網路崛起的現代，公司營運不再適用傳統「開一間辦公室、聘用優秀的業務人員」的營業模式就可以起家。加上智慧型手機與生活密不可分的發展，如何透過網路行銷，或是在網路中尋找商機，已然成為企業發展的重要關鍵。這對那些不習慣使用網路的老一輩來說，是多麼難以想像的事。如果只知墨守成規，思維局限於「以前我就是這樣起家，以後一定有機會扳回一成」，最後一定會被市場淘汰。我們要知道：「社會一直在淘汰有學歷的人，卻不會淘汰願意學習、改變的人」。

萬事通，而非萬是精通

多數創業家只有一、兩項個人專長，例如業務出身的人，當然知道與人洽談時該如何應對進退；專業的設計人員，有著別人學不了、也模仿不來的美感，所以公司才要成立部門，讓專才各司其職，發揮最大功效——想想看，要求業務創造具有設計美感的商品，是多麼滑稽的事。

但是對創業者來說，公司草創初期，極高機率會礙於資金問題，無法聘用足夠的員工。所以身為老闆的自己，要有「一手包辦」的自覺，包括策略擬定、市場評估、商品分析、業務洽談、後端執行……等等。但是人既非萬能的神，也沒有三頭六臂，當然不可能精通每一件事。如果創業者在這時候還抱持「可是我的專長就是……」的心態，而不願意拿出上進的學習心，可以篤定地說，成功的機率實在很低。

成為一名「萬事通」的創業者，可以實際理解公司操作的流程，以及了解各部門的工作內容及範圍，還能對日後聘請的員工多一份體諒與包容。更因為是新手的關係，反而會對很多既定的作法提出疑問，窺見當中竅門，運氣好還能發現別人都沒想過的新方法。但最大的好處，還是務求自己經手的每一件事都能辦得面面俱到，該變通時就不要固執，該尋求協助時就不要為了面子拉不下臉，是身為老闆必備的「彈性」訓練。當然，如果在過程中發現自己真的只能專精一種工作，也不是壞事——趁早知道自己不適合創業，回頭也不遲。

處變不驚

創業過程必定有非常多的突發狀況，往往讓人措手不及，有時甚至嚴重到涉及公司存危。例如可口可樂這間世界知名的公司，其成功讓多少競爭者羨慕又忌妒，但就是搶不下他們的龍頭位置。

近百年來，總有人宣稱早已破解可口可樂的配方，甚至還有人將配方的秘密刊印成冊，告訴大家其成分的99.5%是二氧化碳和蔗糖，以及剩下的關鍵0.5%香料混合劑如何製成。這對可口可樂來說是多麼致命的危機！一旦配方被公布，公司一夕間就要倒閉！如果自己是可口可樂的總裁，該如何應對？

很多人一定認為在此存亡危急之際，當然要謹慎處理。但是看看可口可樂的真正作法：每一次都公開表示不以為然，而且一點也不擔心配方被破解，因為可口可樂不只是一種簡單的產品，而是經過百年淬鍊的美國文化。

我們不知道可口可樂是不是故作鎮定，但此言一出，反而強調出產品特性，將重點轉移至文化二字，引起大眾認同，更可由此看見他們如何將「危機化為轉機」的智慧，實在令人折服。

「危機」兩個字，左邊代表危險，右邊意味著機會。一如知名影星喬治克隆尼主演的電影《型男飛行日誌》（Up in the Air），飾演一位企業資遣專家。每一位被他宣告解雇的員工，反應不是生氣，就是沮喪（當然，也有少數是被這突如其來的消息嚇到不知該作何反應）。

而喬治克隆尼總是問他們：「是否曾經為了這份工作放棄了某些很重要的事？對家人的愛？或是小時候對夢想的渴望？現在正是你擁抱生活的時候了。」然後大部分被資遣的員工，突然變得很感謝公司給了他們改變的機會，開心地離開辦公室。

創業者遇到危機，心態上必須以不變應萬變，才能在最短的時間內找出最好的解決辦法。最上乘的創業家，還能在處理問題的同時，兼顧長期的策略佈局。一如可口可樂，實在很難確保秘密配方不會在科技日新月異的未來被破解，所以該公司的回應，實際上是在為長遠的經營鋪路。因此不論眼前的問題多麼棘手，務必遵循公司的策略目標，才能屹立不搖。

眼界

「燕雀焉知鴻鵠之志」，是許多創業者的共同心聲。猶以臺灣「偏安」的社會價值觀，很多創業者遇到的第一道難題不是資金，而是親屬的不支持，因為多數的他們認為「穩定工作放著不幹，寧可投入可能會血本無歸的事業」是愚蠢的行為。

並不是說這樣的想法是錯的，而是如前所述，源於眾人個性各異。但既然決定創業，想必自己心中該有張關於未來的藍圖，而且通常這張藍圖還不會太小，這就是創業者們的眼界。看看日本這個先進的亞洲國家——即使日本總有各種令人耳目為之一新的設計或發明，也不能改變本土企業眼光狹隘的事實。

日本長久以來的教育，一直是「不求世界第一，但求腳踏實地」。再加上日本對外來文化的排斥，以及英文的學習障礙，大幅提升與世界接軌的困難。反觀西方國家，如果不以「世界第一」為目標，很難吸引資金挹注。在全球化的影響下，現代企業很難在自己的母國單打獨鬥就能崛起。

例如臺灣最具優勢的代工，莫不是接受海外訂單，又如時代趨勢所致，包括Google、Facebook、Amazon等世界知名的企業，從來不是靠實體產品，而是靠串聯全球的網路平台穩坐世界級寶座。眼界，當然很重要。

靠閱讀，後天培養個人眼界

此處所指的閱讀，包括各式各樣的出版物：書籍、報紙、雜誌……等等，是累積知識的捷徑。如何將這些散落的資訊串成世界的互聯網，則有賴充分的融會貫通。

如以下來自輔仁大學第102學年的「織品服裝學系碩士在職專班」考古題：「臺灣由於經濟發展、都市化的崛起，以及高等教育普及化的背景之下，女性進入職場發展之機會增加並成就穩定，造就自主意識抬頭，拒絕承擔家庭責任的年輕一代與日俱增，使得少子化現象已成既定之趨勢……（中略）……若您是童裝業者的負責人，請就此一現象，分析並擬定未來十年，臺灣地區公司的經營策略與執行戰術。」

同樣的問題框架下，創業者若只知道斤斤計較於每件衣服的毛利與成本，或只想靠拿下更多訂單、以量制價，都未必能抵擋未來社會的趨勢發展，最後只能無疾而終。世界，從來沒辦法給我們標準答案。惟有不受限的答題空間，才能突顯個人的宏觀眼界。

4

你，做好創業準備了嗎？

如果說「個性決定命運」，那創業成功的「命運」，當然與個性脫不了關係。

雖然「熱情」是創業的基本，但是在開始行動前，建議還是進行最後一次謹慎評估，看看自己符合幾個以下的條件並列為待改善的項目，以達事半功倍之效：

個性

沒有人天生下來就注定是成功的創業者，就像沒有人第一次談戀愛就可以上手，所以戀愛次數較多的人，比起只交過一個男、女朋友的人，更知道如何與對方維持良好的互動。即使能與初戀開花結果的人不在少數，一如第一次創業就成功的人仍所在多有，但這些都不影響「創業需要學習」的事實。

如果說「個性決定命運」，那創業成功的「命運」，當然與個性脫不了關係，但我們不用因此氣餒，因為人的個性是可以經過後天塑造的。

這就像社會人士跟學生說「你這種個性出去工作很吃虧」，只有當學生畢業、正式踏入社會的時候才知道「這種個性」有多吃虧，才有可能為了在職場求生改掉陋習。

創業也是同樣的道理，即使許多成功的創業家不停強調「擁有哪些特質或條件的人比較容易創業成功」，但不代表自己沒有這些特質就注定失敗，不如把自己當作虛心求教的學生，總有一天，這位創業的「師者」終將引領我們走上成功之路。以下幾個是根據社會心理學家歸納出創業較容易失敗的人格特質：

墨守成規

如果還記得前面提過的岔路問題，大部分人出於好逸惡勞的習性而選擇風光明媚的陽光大道，創業無疑代表的是那條看起來陰森險惡的路，既然選擇了這個與眾不同的方向，當然不能妄想複製別人已經用過的那套舊把戲而一夜致富。

但是既然創業是變化多到難以預測的事，即使事前規劃再精細，還是會發生「計畫永遠趕不上變化」的突發狀況，因此只有具備「冒險精神」的人，才有「承擔風險」的勇氣，面對嶄新的挑戰，創造出令人耳目一新的企業。

感情用事

每個人都有情緒，但是商場可不能因為討厭某個人或事而斷絕往來，因此所作所為都需要理智思考的精打細算，才能走出穩操勝算的贏面。例如前幾年三星（Sumsang）與蘋果互告專利侵權，新聞鬧得沸沸揚揚，但在這之前，兩大企業可是合作無間的好夥伴。而且專利官司之後，蘋果又化解了專利爭議，有意與三星重啟合作。

又如我們轉換工作時，即使對上一間公司再不滿，通常也不會把場面弄得太難堪，是為了自己的將來「留退路」。何況商場沒有永遠的敵人，若只顧意氣用事卻沒有顧到後果，只會讓企業的路越走越窄。所以如何與合作夥伴「好聚好散」，也是創業人必須左右腦並用的重要議題。

易於自滿

姑且不論新聞報導那些喜歡在化妝室耍大牌的明星一事是真是假，任何閱聽人都會先入為主地給事主扣分；又如國際知名大導演李安，最常被媒體冠上的形容詞就是「謙虛」。這兩個字不只是華人世界講究的道德倫理，也是得以幫我們走上人生巔峰的推手。

別說工作職場上遇到自滿驕傲的人很討厭，許多老闆也常因一己之力打下江山而自滿不已，最後窮困潦倒者不計其數，實為商場大忌。

又如三國故事中的關羽雖然智勇雙全，卻因為「善待卒伍而驕於士大夫」的個性，讓大名鼎鼎的軍師諸葛亮不只與之相處必須特別注意分寸，入川與馬超比武時還要給他高帽子戴才甘心，最後仍不可避免地「大意失荊州」，至今仍洗不去自滿的罪名。因此務必謹記「滿招損，謙受益」六字箴言，別重蹈失敗者的覆轍。

患得患失

雖然我們都知道世界上從來沒有穩賺不賠這件事，但其實很多人還是用這種不可能的態度看待投資——股票大跌就萬分不甘，以為堅持下去還有翻本的可能，最後在不知不覺中被自我套牢，所以請銀行理專代為投資前，必須先做一份「性向測驗」，以推論客戶屬於「積極型」還是「穩健型」，用以評估哪些投資管道適合投資人。

既然創業是投資，而且還是「高風險，高報酬」的類型，就更不能因為稍有收穫就欣喜若狂，流於自滿；一遇挫折就一蹶不振。創業家永遠需要保持清醒，不能讓情緒在大起大落中搖擺，才能擔當企業明燈的重責。

夥伴價值觀

人非聖賢，不只不能無過，也無法盡善盡美。但值得我們高興的是，個性不符創業期待，還可以適度修改；或是如前所述，邀請個性上可以相輔相成的朋友加入團隊，建立「諸葛亮與張飛」的合作關係。

但是如果雙方價值觀不同——道不同，理應不相為謀。未經審慎評估便貿然與對方合作，很可能埋下失敗的種子。價值觀是我們判斷事情對錯與輕重緩急的標準，並藉此構築個人觀感及人生目標。

例如我們都知道能在茫茫人海中遇到適合的人走上紅毯是緣分，實屬不易。但天下沒有不吵架的夫妻，只是引起爭執的起點，是因為生活瑣事（例如牙膏一定要從中間擠），還是價值觀的落差（例如先生認為賺錢很重要，太太認為先生應該從工作抽身陪自己），往往決定離婚的必然機率。

如果說創業是結婚，合作夥伴就是另一半。可是公司草創初期，一定有很多需要馬上、立即被解決的事。

在這種蠟燭多頭燒的前提下很容易讓人慌了手腳，莫不希望有能之士自告奮勇。如果剛好認識的朋友幫得上忙，多數人不假思索就會招攬對方加入團隊。可是蜜月期過了之後，會發現與對方的摩擦與日俱增。

例如自己只想開一間普通的小公司、日子過得去就好，朋友卻希望做出一番轟動的大事業。此時別說拆夥傷感情，看在對方工作能力的份上，自己都未必捨得讓他走。然後雪球越滾越大，他對公司的批評越來越嚴厲，招聘的員工也不知道從甚麼時候開始分成兩派。即使你極盡包容、妥協，直到最後連自己都忍無可忍，驀然回首，才發現公司以被自己搞成四不像……大概就是「騎虎難下」的寫照。

想要能力好、價值觀也相同的人不是不可能，只是尋人尚需緣分，自己卻不一定有這麼多時間可以被動等待，所以往往擺在眼前的，要嘛不是戰鬥力高昂、但價值觀不合的人，就是戰鬥力不是很高，但價值觀契合的這兩種人。需知顧此失彼乃為兵家大忌，但因為很多人總以為改造價值觀，比花錢花時間讓人學習技能更省力，其實答案剛剛好相反。

創業者必須堅守「價值觀」的底線，因為極高機率會發展成公司未來的「文化」，不可任意更改。尤其在網路發達的21世紀，只要在Facebook、Twitter、blog訴說理念，一定會有志同道合的人聞訊而來。

如果真的不幸乏人問津，可能代表自己的抱負不夠吸引人，或是表達能力不夠好，那就修改創業志向或訓練表達，直到自己能夠提出「一呼百諾」的長遠計畫。結婚對象不可兒戲，創業夥伴當然也要「寧缺勿濫」。

親密家人同意了嗎？

世俗眼光總認為「找一份穩定的工作，嫁、娶個合適對象，生幾個小孩，有了錢就買車買房，人生平穩順遂過一輩子就好」；特別對很多吃過苦的長輩來說，一點也不想看孩子跟自己一樣吃苦吃到老。尤其對醫師、律師、會計師……這種普遍說來收入較豐厚的職業來說，因為創業絕對是與這些期待背道而馳的道路，反彈聲浪反而最大聲。

家人是我們除了同事、老闆之外，最常面對與相處的人。有些人因為無論如何都說服不了家人，選擇硬著頭皮創業。萬事起頭難又得不到支持之餘，還要三不五時接受家人冷言冷語的攻擊，反而把原本應該是最大的助力化為最大的阻力，讓許多創業者飽受身心靈折磨，鎩羽而歸，實為可惜。因此如何說服家人或另一半，是創業人必須突破的第一道關卡，更是打開夢想大門的鑰匙。

「選擇」適合的另一半

根據2014年04月的營建署公布的最新版房價所得比，台北市高達15倍，名列全球第一，也就是必須不吃不喝15年才能買房；再加上許多臺灣民眾的薪資普遍不足五萬元，想要一圓買房夢想，勢必想辦法開源節流。但是每個月賺的錢就是只有這麼多，買房談何容易？因此很多人把「開源」的腦筋動到創業頭上。

如果單身的你剛好有這種想法，也還沒遇到心儀的人，這代表你不需要「說服」另一半，反而還有機會「選擇」適合的對象，增加創業的助力，是一件值得開心的事。就算另一半不見得想買房，但不代表他/她不想環遊世界，因為每個人都有自己的夢想，所以交往期間務必凝聚婚後必須創業的共識，說不定對方就是「符合創業價值觀的契合夥伴」。

兩個有共同目標的伴侶不但會互相扶持，就算面對雙方家長的強烈反對，也會有「全天下至少還有你/妳懂我」的安慰；必要的時候，對方還會跳出來幫忙說話，等於減輕自己心理負擔，當然比其他人更有機會營造幸福美滿的家庭。

不要爭辯，要靠解釋與分享

世俗成見對創業者來說是非常難纏的對手。哪怕自己是業績百萬的超級業務員，舌燦蓮花也不見得能讓家人在短時間內改變觀念。

建議先把「時間是最好的解藥」這句話放在心裡，如果表明自己創業的想法卻得到家人的激烈反對，可以先冷靜一段時間，再用循序漸進的方式讓家人接受這件事，而不是靠「爭執」這種錯誤的表達方式扭轉乾坤。「身體力行」是其中一種方式，另一種則是找出「被否決的原因」：家人認為創業會帶來極高的失敗風險，就該告訴他們自己為了創業已經籌畫多久，以及如何規劃；如果家人擔心的是認為自己準備不夠充分或好高騖遠，就該請他們指出企畫中有待改善的重點，並提出解決方案。

如果家人覺得放棄穩定生活是愚蠢的行為，就該讓他們知道自己心中的夢想有多重要，一定要創業才有實現的可能，如果不這麼做，你會後悔一輩子（切忌不要否認傳統的職業升遷是錯的，只會加深家人對創業的排斥）……等等。苦口婆心的解釋，不外乎是向他們再三保證你會對自己負責，以及讓他們知道家人的支持對自己意義多麼重大。

溝通的前提必須是理性的，不然「語言」毫無存在的必要。情緒失控說出口的字句，只會讓雙方關係尖銳化，永遠沒辦法取得共識。換個方式想，如果連家人都說服不了，又怎麼能說服客戶相信自己呢？

遠離等待自己失敗的人

喜歡放「馬後炮」的人，喜歡把「我早就告訴過你了」這種尖酸又刺耳的話掛在嘴邊，好像一副等不及自己失敗的樣子，無論何時何地都令人討厭。《牧羊少年奇幻之旅》一書最為人所知的名言，就是「當你真心想完成一件事時，全世界的人都會聯合起來幫你完成」。這句看似毫無根據的勵志語，其實闡述的是一種正面能量的吸引原則。

只要自己信念夠堅定、態度夠積極，一定會有更多志同道合的人或貴人伸出援手。但是當自己被別人的冷言冷語影響產生負面情緒時，時日漸久，等於讓自己深陷這種負面能量的圈圈，只會離成功越來越遠。因此盡可能和這些人保持距離並堅定創業的決心，不要在甚麼都還沒開始前就陷入絕望。

成功關鍵，操之在己

並非每個人第一次創業就上手，所以失敗並不可恥，只要再接再厲，機會永遠留給準備好的人。但是當失敗真正來臨時，就要有接受他人批評、嘲笑、比較的心理準備。

一方面是家人可能從頭到尾都沒辦法接受違背傳統觀念的冒險行為，等不及自己灰頭土臉的那天，再順勢說服，放棄創業；另一方面，這些討人厭的行為因為只要豪不費力地動動嘴皮，就能建立他人空虛的自信，亦是人性的一部份，所以千萬不能放在心上，否則很容易放棄創業的熱情。

積極的創業者應該藉此機會檢討失敗的原因、證明自己對夢想的堅持。哪怕克服恐懼的時間需要三年、五年，只要能再次提起創業的勇氣而不再徬徨迷惑，永遠不嫌晚，而且踏出的步伐必定比之前更穩固。因為信念，永遠是創業者最重要的關鍵。

memo

Part2

創業該有甚麼本「事」

想要讓財富增加，必須回歸老祖宗的智慧：「開源節流」。可是緊抱著辛苦賺來的血汗錢不放，雖然可以視為「節流」，卻不會讓自己變成更有錢的人。

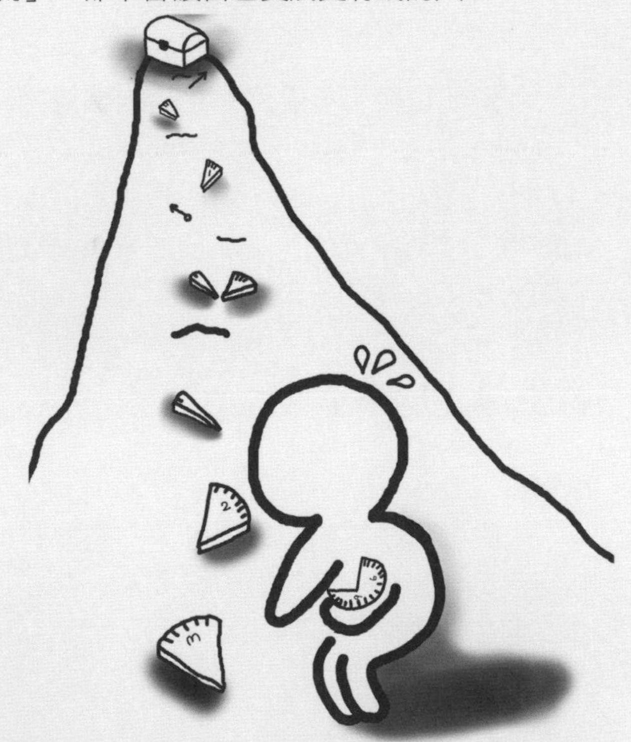

1

成本控管要知道

俗話說：「賠錢生意沒人做」，哪怕自己對創業一事抱持多大的熱情，沒有獲利終究是枉然。

創業成功與否，最大的評估指標是獲利。簡言之，就是「我到底有沒有賺錢」。從最簡單的數學概念出發，就是個人付出的金額大於回收，意即利潤扣除成本之後，如果還有盈餘就是「有賺錢」。這部分通常沒甚麼異議，但是對於決心踏入創業一途的人來說，更要知道「成本」的概念。

甚麼是「成本」（Cost）？

原物料

一般大眾較為熟知的項目，即為原料的成本，通常也比較容易分辨。例如揉製麵包需要油、麵粉、果醬、酵母，製作衣服需要布料……等。

雖然原料是不能省略的成本，但也很可能賺錢不成，反為新手創業者的惡夢。

舉個最簡單的例子，就是麵包、水果、肉品等食物，很容易在低溫環境影響其口感，常溫下又容易腐敗；製作衣服的布料放久了會黃化，皮革也可能發霉或變形，所以如何引進適量的原料也是一門學問，端賴創業者的事前評估及規劃。

有趣的是，很多人往往覺得付出的金額與買到的商品價值不成正比，因為同樣的一批原料可以製作無數個麵包或衣服，正是忽略了另外兩種「肉眼看不見」的成本。

折舊費用

同樣以麵包為例，還需要烤箱、展示架、托盤；製作衣服也需要縫紉機、印製機……等設備。不論這些機器便宜或昂貴，終有其使用年限，而且有時會隨著科技進步及市場需要被提早汰換。

例如現在幾乎已經沒有人在使用錄影帶和錄音帶，紀錄影音資料的媒介早已被光碟取代，而且光碟也從最早的CD演變到VCD、DVD，至今甚至推出藍光（Blue-ray）。這對當初製造錄影帶的廠商來說無疑是一大打擊，只能因應潮流添購新的生產設備，錄影帶遂成為復古的象徵。

工資

古語有云：「三百六十行，行行出狀元」，隨著時代進步，全球加總起來的職業數量早就超出這個數字。

但是不論哪一種行業，都必須聘請員工為客戶服務。而且隨著企業發展，例如開分店，雇請的員工數量只會有增無減，所以往往也是成本支出的最大宗。

工資概念下另一個最常為人忽略的，就是「僱員流動成本」（Employee Turnover Cost）。單一員工的自願性離職或被解雇，往往不如我們表面所看到的「花錢登廣告，再請一個人來上班」這麼簡單。

許多企業主不見得願意規劃完善的員工培訓計畫，卻寧願相信花錢招募來的新人一定能力更好，例如與獵人頭公司合作或挖角，但實際上很可能必須付出更多的薪水才找得到補足職缺的員工，人事開銷因此增加，最後甚至吃掉公司利潤也不自覺，此為僱員流動成本的一種呈現方式。

另一個原因，就是不論新來的員工能力再怎麼優秀，還是需要時間習慣公司文化、和同事相處、與廠商打好關係……等等。在這段銜接過程中，很可能導致公司龐大且無形的經濟損失，以及其他更深遠的中、長期影響。

「虧損」的底線在哪裡？

俗話說：「賠錢生意沒人做」，哪怕自己對創業一事抱持多大的熱情，沒有獲利終究是枉然。

想知道公司是否有賺錢，除了必須對前述的成本內容有基本概念，藉此估算創業必須負擔的成本與項目，還要搞清楚接下來的成本分類：「固定成本」與「變動成本」，才能進一步算出虧損的底線，避免陷入白忙一場、越做越窮的窘境。

固定成本（Fixed Cost）

固定成本顧名思義，就是「不會隨著產量增加、就跟著增加的成本」，例如店鋪租金，一個月賣出一千個麵包跟十個麵包，每個月還是必須按時支付。

●總固定成本

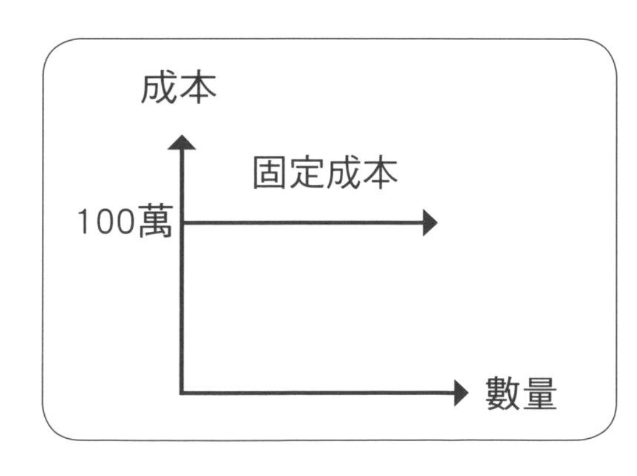

員工薪水、添購設備的費用也是同樣的道理——員工沒上班的日子，雇主仍應支付其薪水；用以生產的設備就算不會天天開機，還是要先買回來。任何符合這個條件與定義的成本，都可以算在固定成本的範疇。

不過固定成本並非真的永遠不變，而是「只有在一定時期，和一定生產規模限度內」的前提下才成立。

舉例來說，公司草創初期只需要三位員工，每人每天的上班時間只有八小時，只要負責處理的事務量在一定範圍內，都沒有增加員工的必要。但是當公司業務量越來越龐大的時候，三個人很明顯無法負荷，就需要招募更多人員，固定成本當然也隨之增加。

隨著社會進步的速度越來越快，還有越來越精密的自動化工業，導致商品的重複性越來越高，創業家想要在茫茫紅海中殺出屬於自己的藍海策略，就不能只從「市場供需原則」的角度檢視產品與公司定位。創造品牌價值，是現代許多企業都爭相投入的行銷議題，免不了必須藉助媒體，也就是廣告的力量打入市場。

廣告合約多有一定的合作期限（大部分為一年一簽），公司每逢會計年度都可以根據營業及財力狀況編列廣告預算，亦符合前述固定成本的定義。不過因為隨時得斟酌實際情況加以刪減，所以又稱「酌量性固定成本」。換句話說，廣告固然重要，但許多新手創業家容易犯下廣告預算無限上綱的錯誤，是本末倒置的行為。建議優先抱持「先求有，再求好」的踏實策略，再悉心規畫廣告採購，一定比肆意透過媒體大幅宣傳的作法來得穩紮穩打。

變動成本（Variable Costing）

變動成本的意義正好與固定成本相反，即為「會隨著產量增加、就跟著增加的成本」。例如一碗牛肉麵的成本是30元，兩碗就是60元、三碗就是90元……以此類推。

但前面我們也說過，同樣的一批原料可以製作無數個相同的產品。所以假設一公斤的麵條能做100碗麵，第101碗麵就需要再進一公斤的麵粉，變動成本才會增加，是與固定成本一樣受「只有在一定時期，和一定生產規模限度內」限制的前提。

●總變動成本

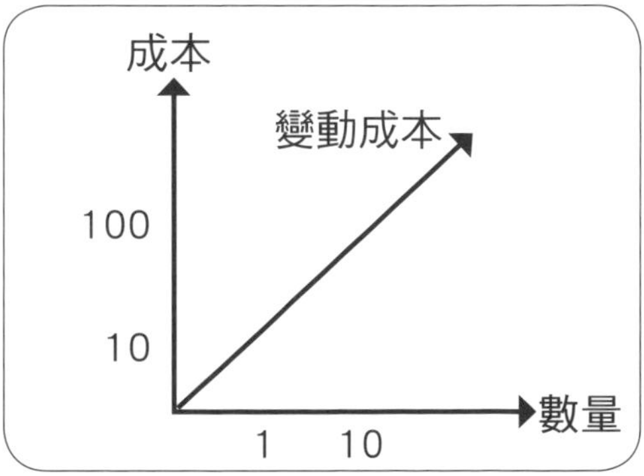

成本
變動成本
100
10
數量
1 10

其他包括水電費，或是逢年過節需要聘請工讀生增加服務人手……等開銷，都屬變動成本的範疇。

所以不論是以哪種型態創業，開店也好，開公司也好，大都不出這兩種成本分類，兩者的加總即為總成本。接下來可藉此推算出邊際貢獻和損益兩平點，找出虧損的底線。

●總成本圖

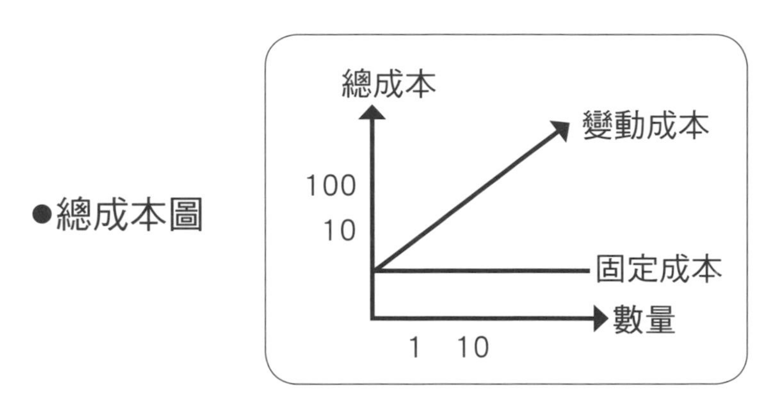

邊際貢獻（Contribution Margin）

邊際貢獻聽起來就是個很難懂的專有名詞，但我們不必想得太複雜，只要把這當作攤還固定成本的費用即可。

例如老王牛肉麵的店租每個月一萬元，一碗牛肉麵賣80元，扣掉屬於變動成本的材料，包括麵條、蔥花、牛肉……等等共計30元，亦即賣掉一碗麵的餘額是50元。只要每個月賣出200碗，就可以賺回攤位租金。

超過200碗，每一碗可以多賺50元利潤，至此應該都不難理解。老王生意因為做得太好，讓住在隔壁的小陳眼紅，覺得自己煮的牛肉麵也很好吃，一氣之下就在老王旁邊開了另一間牛肉麵店，而且賣得更便宜，一碗只要50元，果然吸引了老王的部分客人。

老王因為生意比以前差而陷入愁雲慘霧，開始認真思考要不要繼續賣牛肉麵。但是當初租店簽了一年合約，在還沒到期前，每個月都要付一萬的租金。最後老王牙根一咬，決定跟小陳拚了，把牛肉麵價格降到和老陳一樣每碗50元。

此時老王每賣出一碗麵的邊際貢獻則為50-30=20元，如果每個月照樣能賣200碗，邊際貢驗的總額是20x200=4,000，雖然不足以支付全額的租金，但起碼自己只要負擔六千元，還算不無小補。

兩家人原本各做各的生意，彼此相安無事，偏偏前幾天老王的店突然高朋滿座，很多客人把摩托車停到小陳的店門口，看得小陳怒火中燒，乾脆一不做、二不休，又降低了牛肉麵價格，每碗只要30元！果然風水輪流轉，現在換小陳的客人絡繹不絕。

老王又發愁了，30元是自己的牛肉麵成本，一個月賣再多都無利可圖，更何況小陳還三不五時推出一碗20元的優惠活動。於是老王想一想覺得算了，反正開店只是為了打發退休的無聊時間，乾脆把機會讓給小陳這樣的年輕人吧，便默默收了麵攤。

從邊際貢獻的角度來看，老王的決定是正確的，因為此時老王每碗牛肉麵的邊際貢獻是30-30=0，低於這個售價，等於賣一碗賠一碗，不如及早退場。雖然老王與小陳的故事只是舉例，但這樣的事在商場上屢見不鮮。

例如現今的DRAM售價就是低於變動成本，可見其競爭激烈。對每一位投身商場的人而言，追求的最大目標無疑為「贏者全拿」，也就是老王退場後，想吃牛肉麵的客人只剩小陳這間店可以選。

因此如何從眾多同質性很高的商品市場中脫穎而出，尚須評估外在市場環境，與事業本身的內在優劣勢。

2

市場行銷入門

機會稍縱即逝，不只該好好把握，還要化為先機，就是Exploit（成就）主要的意義。

想要創業成功，有很多條路可以選擇，一如古語「條條大路通羅馬」。

例如單純以商品而言，如果不是價格比別人便宜，就是具有強烈的獨特性；以通路而言，可以與便利商店合作，讓消費者隨手可得，或是展店，之後再開放加盟；以市場銷操作而言，是寧可走大眾化路線，還是鎖定少部分族群……等等。

如何操作公司沒有一定的對錯，但一步錯，步步錯，所以創業前一定要先認清自己——也就是「內在」的優劣，以及市場環境這個「外在」因素。

認清內外在的優劣勢——SWOT與USED

在消費行為越來越多元的現代，市場分析也越來越複雜。但是我們不必讓自己成為經濟或行銷的專家學者，透過簡單的理論也可以得到答案。當中最基礎的入門，就是SWOT分析。

SWOT是由Albert Humphrey所提出的方法，讓企業用以進行深入且全面的分析，且為四個英文單字的縮寫，分別為：Strengths（優勢）、Weaknesses（弱勢）、Opportunities（機會）以及Threats（威脅）。其中S和W為內在比較，W和O為外在環境分析，之後有更進一步的說明。

得到SWOT的結果後，可以採用USED的概念——Use（成就）、Stop（停止）、Exploit（成就）、Defend（防禦）擬定行銷策略。以下便以連鎖便利商店賣的麵包為例，進行簡單分析的說明。

用優勢，停劣勢

一間公司的成立，一定是為了銷售某樣商品——服飾、手錶、食品……等等而存在，甚至連難以被量化的「服務」，也可以視為商品的一種。

例如臺灣知名的連鎖集團王品，其有口皆碑的服務品質便是一例。透過S和W這種根據商品本身的優劣勢比較，可以讓我們更清楚地看見某個還沒出現在市場上的商品是否具有競爭力。

分析對象	Strengths	Weaknesses
便利商店麵包	①統一的規格生產，一定時間內的產量高，生產品質也較穩定	①原物料多為化學的食品添加物以降低成本，口感不一定比較好
	②通路多，購買方便	②價格較貴

【Strengths】①統一的規格生產，一定時間內的產量高，生產品質也較穩定。

統一的生產規格，亦即工業化的結果，無疑有助於穩定產品品質，這可以從生活中的經驗法則歸納得知——對於喜歡便利商店麵包的消費者來說，走進任何一間掛著同樣品牌的便利商店，買到的產品品質幾乎大同小異，

而不會像某些業者旗下的分店產品發生口感略有不同的情況，較難得到消費者肯定。因此分析表格中的優勢，代表其他商品難以取代的特性，當然必須盡可能「善用」，也就是Use的概念。

【Strengths】②通路多，購買方便。

便利商店的另一個優勢，就是只要幾步路的距離就能抵達，不用大費周章開車採買，完全融入市井小民的生活，也是臺灣特有的便利文化。

相對地，必須盡可能隨時提供足夠的麵包，否則總是買不到所需的食品，會影響消費者對「便利商店」的評價。再加上便利商店的展店速度，唯有工業化生產，才能源源不絕地將大量商品送往各銷售地點。

【Weakness】①原物料多為化學的食品添加物以降低成本，口感不一定比較好。

反觀劣勢，則為容易被對手攻擊的目標，首要之務便是「止血」，亦即Stop（停止）。

我們不用因為商品有劣勢便擔心不已，因為世界上的每一件事本來就有好有壞，而且大部分的劣勢都可以靠行銷操作加以扭轉。當然，前提是不能因此忽略「如何讓商品變得更好」的進步動力。

坊間麵包店一塊巧克力蛋糕只要25元，同樣的金額卻只能買一個便利商店的波蘿麵包，很明顯後者價格偏高，聽起來的確是個致命傷，但廠商並沒有因此降低售價，反而祭出許多優惠策略，包括搭配指定飲料只要39或49元，還配合商家的集點活動，藉此分散消費者對價格一事的注意力，成功降低大眾對高售價的反彈。

【Weakness】②價格較貴。

為了追求快速生產，產品原料當然只能用化學的食品添加物居多。對廠商來說，好處是降低生產成本，但隨之而來的壞處即為產品口感不可能比手作坊做出來的麵包更好吃。

因此在廣告或商品的外包裝，不難發現廠商盡可能宣傳某些較具價值的原料，例如天然酵母或100%純牛奶，以及較費時的製造過程，像是3小時的精心烘培。

偶爾透過名人或名廚的加持以增加消費者信心，都是很常見的行銷手法。經過以上分析，便大致能理解這些我們習以為常的事物，原來都是廠商的策略布局。如何從中學習並加以靈活運用，是新手創業者的入門功課。

3

成就機會，抵禦威脅

很多想要創業的人常常因為在某一產業工作的時間很久，便自恃掌握了創業成功的基石，實際上卻缺乏大方向謀略，創業失敗才後悔莫及。

《孫子兵法》的《謀攻篇》記載：「知己知彼，百戰不殆」，意思是對自己和敵方的情況都有所了解，就算必須打一百場仗，也不會讓我軍陷入危險。

想要在競爭激烈的市場中脫穎而出，只檢討自家商品優缺點是不夠的，還需要檢視大環境中對自己的機會與威脅。以下同樣以便利商店的麵包為例：

分析對象	Opportunity	Threat
便利商店麵包	①便利商店已與消費者的生活融為一體	①房租飆漲，增加租金成本
	②可以分析消費者購買產品的資料，得出大眾喜好	②競爭激烈，麵包商品甫推出，很快就被同業模仿而取代

【Opportunity】①便利商店已與消費者的生活融為一體。

機會稍縱即逝，不只該好好把握，還要化為先機，就是Exploit（成就）主要的意義。雖然如今看來，「便利商店已與消費者的生活融為一體」不過是對於現今社會的描述，但如果把時間往前回溯到只有柑仔店（臺語「雜貨店」的意思）的早期年代。

想要買口香糖、冰棒、香菸、飲料這類雜物，只有雜貨店可以選擇，而且每間店賣的商品與售價都不盡相同，更不用說少部分老闆接待客人的態度實在令人不敢恭維。

後來因為便利商店的引進，才將臺灣的通路帶到另一個階段，現在甚至成為現代人生活中不可分割的一部分，是六O年代的當初所想像不到的，也是機會被妥善運用的成功案例。

【Opportunity】②可以分析消費者購買產品的資料，得出大眾喜好。

便利商店的另一個機會優勢，是許多公司行號都為此苦惱不已的主因——不知道新推出的商品會不會獲得消費者青睞。貿然上市如果無法贏得大眾喜愛，不但白白浪費開發產品的投資，還可能降低大眾對自家企業的評價。

但是便利商店反而可以透過每日的銷售統計，得知消費者對麵包選購的喜好。例如巧克力蛋糕一直是甫上架便搶購一空的熱銷品，原因來自多數女性喜歡巧克力口味和蛋糕的綿密口感；饅頭麵包常常賣不完，因為大部分消費者認為這種麵包沒有特色，因此覺得售價偏高……等等，讓廠商得以隨時根據市場需求改良旗下商品，創造出更高的銷售數字，也是另一種運用「機會」的方式。

【Threat】①房租飆漲，增加租金成本。

回頭看看外在環境的威脅：臺灣房價飆漲是不爭的事實，尤以首都臺北為最。偏偏便利商店並非獲利高昂的產業，其利潤大多來自多樣化的服務價值，以及壓低成本的大量製造策略，是未來經營上亟待克服的瓶頸。

例如與房東簽訂長期租貸合約以降低租金，或是盡可能控制租金不超過營業額的10%，都是可以參考的方法。所謂「兵來將擋，水來土淹」，方法無關對錯，只要能夠解決問題又不會製造另一個問題，就是好方法，也是Defend（防禦）的真義。

【Threat】②**競爭激烈，麵包商品甫推出，很快就被同業模仿而取代。**

競爭激烈是任何產業都會面臨的威脅。回想一下葡式蛋塔剛引進臺灣的熱潮：每日大排長龍不談，甚至有人因為買不到蛋塔憤而潑漆，連坊間的麵包糕餅店亦爭相派人購買並解析其成分、用料與製作過程。

創辦人以為這是賺熱錢的契機，便毫無保留地將技術授權給各大廠商，包括肯德基，讓葡式蛋塔成為名符其實的「平民美食」。

但也因為蛋塔的複製成功率極高，不到三個月的時間，葡式蛋塔便由極盛轉至極衰，淪落到在夜市賣三個50元還不見得有人要。至於當初搭上這列特快車的店家，不論連鎖直營還是加盟，最後都不得不如骨牌般應聲倒閉。前陣子造成民眾瘋狂搶購的「日本雷神巧克力」也是一例。不到半年時間，臺灣亦有廠商研發出「臺式」的雷神巧克力，還改良了日版口感過甜的缺點，擁戴者為數不少。

便利商店的麵包因為和前述的兩個例子一樣，屬於複製容易的食品，不但難以長期穩據龍頭寶座，當然也無法擺脫市場競爭的威脅。但是我們都知道，當多數商家都打烊休息的夜半時分，能就近買到果腹的食物，像是麵包，才是便利商店主打的訴求——也就是「方便」。

所以就算其他麵包店研發出跟便利商店一樣好吃的麵包，仍不影響我們去便利商店選購的意願。這是廠商的防禦之道，也是「化危機為轉機」的實例。

綜上所述，我們不難發現，很多想要創業的人常常因為在某一產業工作的時間很久，便自恃掌握了創業成功的基石，包括產品開發的特別技術、長久累積的人脈……等等，實際上卻缺乏大方向的謀略，創業失敗才後悔莫及。

這有點像身為員工的我們，常常背地裡抱怨主管做得很差，直到自己也升任主管的時候才了解領導者的難處。所以創業能否成功，擁有資源、人脈、技術……等條件只是其次，更重要的是如何將個人層次提升到戰略布局，才能真正百戰不殆。

4

產品賣點在哪裡？

如果說「科技，始終來自於人性」，那麼「需求，同樣來自於人性」。如何在人性深處挖出不為所知的潛在需求，才是近代USP的主流觀。

仔細研究的話，我們會發現臺灣早期的廣告多以宣傳單一的賣點為主，例如食品大多主打好吃，通訊公司強調費用便宜。

但有趣的是，這些廣告不見得能真正深入消費者心中—只要稍稍回想自己因為廣告說哪樣商品好吃或好用而特別購買的機率，便能得知一二。

這是一種極度弔詭的情況：食品不是本來就應該強調美味、消費性產品也應該著重價格低廉嗎？為什麼消費者就是不買帳？

甚麼是賣點？

早期廠商多從傳統的「供需原則」切入市場——畢竟消費者有需求才會消費，廠商只要針對需求製造商品即可，所以「不被需要」的產品根本不會出現。

例如每個人都會肚子餓，廠商就會盡可能滿足這個條件，讓大家都有東西吃。如果所有的消費者都認為肚子只要能「吃飽」就好，廠商也不需要開發出更美味的食品。

到了1950年代，美國Ted Bates廣告公司的董事長Rosser Reeves率先發現消費者往往從廣告得到的訊息，都是被廠商所賦予的概念，不一定是消費者真正想要的。這足以解釋兩件事：

①因為早期廠商把消費者需求想得太簡單，導致廣告訴求也非常簡單，例如前述所言「食物只要好吃」即可。

②廠商不斷灌輸類似「某樣食品很好吃」的簡單概念，殊不知消費者對食品的需求已經不再是「填飽肚子」和「美味」而已，當然無法增加銷售業績。

Rosser Reeves進一步地提出了Unique Selling Proposition的概念（獨特的銷售主張，簡稱USP）。說穿

了，就是你我都熟知的「獨特賣點」。聽起來簡單，但做起來難，因為在Rosser Reeves的概念中，USP必須包括：

①**利益**：必須告訴消費者，購買產品後能得到甚麼好處。

②**獨特**：必須強調商品的獨特性，是別的同類型產品所沒有的。

③**聚焦**：必須將上述兩個要點集中且盡可能放大，只要一提到該產品，就能讓消費者進行利益與獨特性的連結。

舉例來說，你我都應該遇過家中電路或水管壞掉的問題。找了附近的水電工，對方往往三催四請才來修繕，甚至還可能遲到，讓人敢怒不敢言。

如果這時候有一間主打「30分鐘到府服務」的水電公司，就算價錢比一般行情高一點，有趣的是，大部分民眾還是寧願選擇後者。

「30分鐘到府服務」幾個字看似簡單，卻完全符合USP的概念。就利益考量來說，消費者節省了等待水電工不知道甚麼時候才會來修繕的時間，得到的是「迅速」的服務效率；其次，率先提出這種服務概念的公司，的確創造出該商品的獨特性。久而久之只要一提到這間公司的名字，消費者就會直接聯想到「30分鐘到府服務」的核心價值，也就是「聚焦」的目的。

這樣的例子在現代不勝枚舉，包括當初推出外送服務的必勝客，便強調30分鐘一定送達（超過時間會送抵用券作為補償）；PChome線上購物主張「全臺灣24小時到貨」、Blockbuster不停強調提供租貸的影音光碟庫存完整，屈臣氏甚至喊出「我敢發誓，屈臣氏真的最便宜」的口號，彰顯低廉售價的特性。

但是好的賣點，充其量不過是觀察現有市場需求得到的結果，只能當作好商品的基礎，並不能就此打遍天下無敵手。如果說「科技，始終來自於人性」，那麼「需求，同樣來自於人性」。如何在人性深處挖出不為所知的潛在需求，才是近代USP的主流觀。

5

創造營銷（Creative Marketing），才是賣點的最高境界

商品最大賣點就是創造需求，或是洞察未來的需求。

一間販售木梳的公司應徵業務，面試考題令眾人瞠目結舌不已——請在一定時間內將木梳賣給和尚。但是已經剃度的和尚根本連頭髮都沒了，哪裡還有梳髮的必要？很多人因此認為這是「不可能的任務」，根本連試都沒試就放棄了。

當然也有少數幾個臉皮較厚的應試者，不厭其煩地向和尚推銷木梳的好，結果一樣只能無疾而終。不過仍有兩位超級業務不負眾望達成了目標，公司高層便請這個人分享他們的推銷手法。

首先是A，他並沒有找和尚，反而直接找上寺院的住持，動之以情，說之以理：「蓬頭垢面是對佛的不敬，所以

最好在每座佛象的香案前放幾把木梳，供善男信女整理儀容。」住持認為言之有理，便一次買下十把木梳。A便重複以同一套說法對其他寺廟的住持進行遊說，因此才在規定的時間內完成了推銷任務。

另一位達到業績目標的B，跟A一樣沒有直接找和尚，卻刻意挑了一間香火鼎盛的深山寶剎，對其住持說：「只要是來進香朝拜的人，多有一顆虔誠善良的心。建議貴寶剎，應有所餽贈以示紀念，保佑善男信女平安健康，並鼓勵多做善事才是正道。正好我這邊有一批木梳，若再加上您超群的書法，不妨刻上『積善梳』三字，相信這樣的贈品一定會受到眾人垂青！」住持聞之大喜，立刻買下一千把木梳，果然一炮打響「積善梳」的名號，從此寶剎香火更為鼎盛，公司的木梳也因此供不應求。

再舉一個例子：你我應該都有曾在街頭被人兜售「愛心筆」的經驗，多數人應該都對對方死纏爛打的推銷手法感到反感不已。可是在導演馬丁・史柯西斯（Martin Scorsese）改編自喬丹・貝爾福特（Jordan Belfort）同名回憶錄的電影《華爾街之狼》（The Wolf of Wall Street）中，一支筆竟然是主角測試其他人推銷能力的關鍵。

貝爾福特和未來的合作夥伴們在餐廳用餐，然後掏出外套中的筆，對朋友們說：「把這支筆賣給我（Sell me a

pen）。」其中一位接過了筆，問：「可以幫我在紙巾上簽名嗎？」貝爾福特先愣了一下，然後說：「我沒有筆，但你完全抓住我們未來的目標——創造出客戶需要的東西，讓別人想要買，就可以讓我們賺大錢！」

這段不到兩分鐘的電影劇情，還有賣木梳給和尚的故事，都是「創造營銷」（Creative Marketing）很精髓的比喻。換言之，商品的最大賣點就是創造需求，或是洞察未來的需求。不過想要在需求還沒出現前就未卜先知，除了十分仰賴創意思維，也因為市場不一定能提供足夠的消費者分析，遇到的困難與阻力也較大。

創造營銷：需求來自創新的觀念或價值

SONY是近代成功創造營銷的範例，其旗下商品舉凡隨身聽、錄影機、攝影機、光碟機、筆記型電腦、手機、數位相機……等等，因為總是比消費者早一步開發許多令人意想不到的商品，因此成為舉世聞名的國際企業。

當中較為經典的，就是創始人盛田昭夫在20至70年代十分致力於錄音帶隨身聽的研發，理由是SONY大膽預測不久的未來，「聽音樂」將會是人們生活中不可分割的一部分，因此擴展出來的需求就是如何「隨時」聽音樂；加上音樂可以左右與控制人們的情緒。

所以一部能夠讓人隨時聽音樂的機器，幾乎等於商品會大賣的保證。不過這個概念，當時卻遭到工程師的大力反對，認為這種商品的實際需求並不會如此樂觀，但是最後盛田昭夫仍用銷售數量證明了當初的預測是正確的：隨身聽問世20年後，SONY共推出將近100種不同型號的隨身聽，並成功賣出2.5億多個商品。

隨著科技日新月異，錄音帶成為市場的淘汰品，取而代之的是CD，如今又進化為數位，也就是mp3。在聽音樂這件事上，Apple創辦人Steve Jobs可以說是盛田昭夫「隨身聽」概念的繼承及推廣者——第一代iPod的概念，就是來自「把3,000首歌放在褲子口袋」的構思。

不過iPod發布後不久，Steve Jobs不只預知全球音樂產業將因此改變，更進一步思考如果有一款「可以打電話的iPod」，是否有可能顛覆行動通訊產業。

2005年，Apple與Motorola合作，將iTunes的音樂程式加入手機功能，藉此試探市場水溫，此時Steve Jobs才正式確定「可以打電話的iPod」這個原本僅止於天馬行空的想法，除了必須搭載觸碰面版，還要搭配豐富的網路功能。最後在2007年的新品發表會上，Steve Jobs不只幫iPhone下了新定義：「重新發明手機」，也成功開創了行動通訊的新市場。

不少老闆看到商品銷售業績不如預期，便認為一定是員工不努力所致。其實在激烈的競爭市場中，消費者面對同質性很高的商品，很多時候是很難相信A牌產品一定會比B牌更好，因此在這個嶄新的21世紀，銷售不再是「只屬於」業務部門的工作，企業更應該想辦法將商品提升到「賣觀念」的境界。

一旦客戶接受了新觀念，行為也會隨之而變。舉凡Facebook、搜尋引擎google、Twitter、廉價航空、信用卡、線上遊戲……等等，甚至賣保險，都是改變消費者習慣的產品。人類只要有所需求，社會就會因此永無止盡地向前發展，讓人們的生活變得更好，這就是時代的動力。

創造營銷：需求關鍵在於認識客戶

隨著社會發展的腳步越來越快，還有取得資訊的管道越來越開放，一間公司想要靠單一產品立足於市場，幾乎已經是不可能的任務。例如黑白手機剛問世時，NOKIA在當時幾乎是業界龍頭的品牌。

接著手機業進入百家爭鳴的時代：Motorola、Sony Ericsson、Siemens、Sharp、LG、NEC……等等，其中Motorola曾以第一款可以掀蓋的海豚機打響知名度，Sony Ericsson則以第一款彩色手機造就購買熱潮、NEC則以最高畫素的拍照鏡頭作為主打賣點，甚至還有人不惜購買Docomo或SoftBank的日本原機回臺進行改裝。

直到Apple率先推出3C的iPhone後，以上提及的多數廠牌皆因此被市場淘汰或併購，取而代之的是我們現在較為熟悉的Samsung、HTC和華為。

有趣的是，現在的NOKIA雖然與Microsoft合作推出智慧型手機，但仍舊不敵Apple魅力而不得不拱手龍頭寶座，可以視為失去創新商品先機的例子。

「風水輪流轉」五個字，代表的正是瞬息萬變的商場寫照。想要立於不敗之地，走在時代的尖端是企業生存的關鍵。想要研發出創新又契合消費者使用需求的產品，除了前述提過需要天馬行空的想像力之外，研究消費者的購買行為，不但可以從中觀察市場取向的蛛絲馬跡，也是現今大多數企業採用的分析方式。

近年許多品牌開始登錄客戶資料，內容除了記錄客人每一筆商品的購買日期和明細，方便服務人員在第一時間點閱電腦資料，針對客人過去的消費紀錄推薦適合的商品、用以提升服務品質之外，還包括姓名、生日、性別、職業、所得……等個人資料，有助於總公司的行銷部門統計客戶的消費習慣，從中歸納隱藏的市場需求。

近代因網路崛起而發展的電子商務便是一例。想要使用該網站提供的服務，幾乎都會要求使用者註冊基本資料。很明顯的，大多數習慣使用電子商務的消費者年紀較輕，這是因為出生在電腦已經普及化的中生代，當然比年紀較長的人熟悉電腦操作。因此對行銷人員來說，只要能抓住年輕消費者的購買取向，無疑等於掌握了市場先機。

例如多數年輕的消費者，可能剛出社會或收入不高，也有可能還在學，比較願意花較多時間進行比價——同一商品只要在網路打出關鍵字，即可查閱各大網路店家的售價。

如果此時某品牌的主要賣點即為「價格便宜」，受到此類消費者青睞的機會當然較高，屈臣氏的網路商店即為一例；也有不喜歡購物提著大包小包回家的消費者，比較偏好專人送貨到府。

如果有廠商可以提供較優質且快速的送貨服務，或是方便的取貨方式，自然能從諸多店家中脫穎而出，所以黑貓宅急便、7-11的交貨便、全家的店對店便因運而生。

如果用音樂做為比喻的話，「創新價值的需求」比較像天才兒童，「認識客戶」的行為則像下盡苦工的演奏家。不過愛迪生也說過：「天才是1分的天分，加上99分的後天努力」。了解客戶所需，才是創造營銷的致勝點。

6

發現新大陸：客戶族群

根據這些消費族群的特性，找出商品具有吸引力的賣點，是行銷計畫的第一步。

商品的生產需要被人購買，廠商才能從中得利，所以只要是生意人，沒有不希望銷售業績蒸蒸日上的。但在這句話之中，其實有個隱藏的前提：同樣的一件商品，是不可能賣給所有人的。

例如以低售價席捲全球的日本品牌UNIQLO，縱使旗下商品有分女裝、男裝與兒童裝，甚至還有內衣褲、襪子、室內拖鞋等用品，但對於少部分要求高品質的人來說，UNIQLO並非會選擇購買的廠牌。

所以推出商品前，可以以前述談過的SWOT和USED為基礎，進一步劃分更詳盡的顧客層及市場所在，並根據這些消費族群的特性，找出商品具有吸引力的賣點，是行銷計畫的第一步。

客戶層

商品之所以會被購買，是消費者「已經」做完決定的結果。如何影響人們選購的意願，則是廠商可以發揮的充裕空間，但必須仰賴大量的資料分析，才能從中找出以下六個消費者購買行為（Consumer Behavior）的軌跡，改良旗下商品以迎合市場需求：

①市場需要甚麼（What）——產品（Objects）

英文「What」的直譯為「甚麼」，可廣泛延伸成發生甚麼事、目的是甚麼……等多重語意。不過在商業行為中，「賣出商品」不但目標明確，也是廠商利潤的主要來源，因此行銷學中多將What解釋成「市場需要甚麼商品」。

既然買賣行為建立在最基本的供需原則上，廠商理應開發符合消費者需求的商品。但以電腦的作業系統為例，Apple與Microsoft都可以啟動電腦，為什麼有人偏好前者、有人選擇後者呢？

Apple向來以強大的多媒體處理功能著稱，而且螢幕色彩管理能力準確，因此售價相對較高。也只有需要這些優點的專業人士，才願意付出較高的金額購買，當中尤以媒體工作者甚多。至於Microsoft，雖然處理多媒體及色彩的能力不像Apple這麼優秀，但因為在1981年搭載IBM主機帶動電腦產業的發展，奪得市場先機，成為多數人最熟悉的操作介面。

因此許多軟硬體的開發皆以Microsoft為主，其支援能力較Apple多元，價格上亦相對便宜。從這個例子就可以明顯看出，這兩間企業因為鎖定的消費族群不同，研發的商品也不能相提並論，就是What的差異性。

②為何要購買（Why）——目的（Objectives）

人們因為需求而有消費的必要，但是「為什麼」會有這樣的需求，是購買行為很重要的關鍵。例如冬天很冷，不少人因此需要添購電暖爐，但當中又有葉片式、陶瓷式、鹵素燈……等不同的種類。

以陶瓷式來說，優點是外型輕巧，價格屬於多數人比較能負擔的範圍，但適用的坪數面積是三種電暖爐中最小的；鹵素燈則十分省電，而且發熱速度快，卻不能近距離照射，否則可能灼傷或曬黑；葉片式雖然沒有前述兩種的缺點，但價格動輒五千以上。消費者如何選擇，端視個人的購買動機而有所區別，所以商品沒有好壞之分，而是看廠商決定用甚麼樣的賣點切入市場大餅。

③購買者是誰（Who）——組織（Organizations）

影響消費者購行為的主因，很大一部分會受由「誰」購買的影響。此處所指的「誰」不只包括我們表面上看到的「個人因素」，例如消費者的性別或年齡層，而是指「社會組織」，也就是個人、家庭，或團體的消費。

以買衣服為例：A的月薪28,000元，假設每個月只能花3,000買衣服，A可以自由分配購物預算，所以要嘛不是他一個月只買一件價值3,000的衣服，就是買十件300元的衣服，這是以「個人」為主的消費行為。

可是當母親節來臨，A想送媽媽一件衣服當禮物的時候，可以夥同家中其他兄弟姊妹一起出錢，預算便因此提高，最後可能大家送的是6,000元的衣服，這便是以「家庭」為主體的消費分析。

至於「團體」的消費行為，其實常常發生在我們生活周遭。例如教師節將近，班上40個學生決定每個人出300元，買一件稍具品牌知名度的衣服感謝老師；或是工作同事集資買禮物幫某人慶祝生日……等等。

這些簡單例子當中，其實都蘊藏了「Who」之下許多環環相扣的概念，包括購買動機與產品選擇、預算和商品定價這些影響行銷操作的因素。

逢年過節時，各大銷售業都會祭出划算的節慶折扣，是因為廠商較容易預測人們在這個時間點購物的動機，如前所述的母親節，或是父親節和情人節，都有特定的送禮對象；農曆年不只基於華人「除舊佈新」的習慣，多數人們因為剛領完年終獎金，手頭比較闊綽，也較有購買高價品的預算。

理論上來說，此時的廠商就算不提供商品折扣，消費者還是會因為這些必要的動機進行消費。不過基於各種複雜的因素，像是激烈的市場競爭，或是透過折扣，加強高價商品被售出的可能性……等等，最終形成了這些我們早已見怪不怪的行銷手法。

Who的意義從另一個方面來說，則為直指「誰」具有最終購買的決定權。舉個最簡單的例子，就是華人家庭的經濟權，大多掌握在媽媽或太太手上。

當家中需要購買價格較昂貴的商品時，往往必須讓這位具有決定權的人同意，才可能完成消費行為。例如家裡還在念高中的小朋友想要買最新上市的iPhone6，但是可能因為價格太高，或是出於「小孩子不需要用這麼好的手機」的想法，而讓想要入手的消費者無法順利完成購買行為。

所以對手機廠商而言，如何掌握這些握有經濟決定權的人的心之所欲，是必須深入了解的行銷課題。

④如何購買（How）——行為（Operations）

「一手交錢，一手交貨」，是消費行為最簡單的過程。但是除了需求所引發的購買動機之外，廠商該「如何」才能讓消費者心甘情願地把錢掏出來，則是行銷學中的行為分析。

以買按摩椅而言，有些人會很認真搜尋相關資料，包括有哪些品牌專門賣按摩椅、這些廠商的口碑如何、按摩椅的優缺點、各廠牌的價格比較……等等，方便進行利弊分析，最後再決定購買哪一個牌子的按摩椅。這種「經濟型」的消費者，通常較容易受到商品性能和價格影響購買意願。

另一種人則是在百貨公司逛街，被按摩椅新穎且美觀的外型所吸引。再加上現場服務人員的遊說，便衝動地把按摩椅買回家。這種人屬於「衝動型」的消費者，影響消費的關鍵多為商品外觀。只要若能投其所好，便能大幅提升成交的可能性。

也有那種想買按摩椅、但手頭實在不寬裕的人。此時影響這類「拮据型」消費者的購買關鍵，就是「付款方式」。如果要這類消費者一次拿出一、兩萬元的現金，成交的可能性當然很低微。但如果透過信用卡或分期付款，則能一舉輕鬆解決讓他們下不了手的困擾，商品的銷售業績就能因此被提升。

還有一種人，同時也是現代多數人的寫照——「工作繁忙」的消費者，因為大部分時間都被工作占據，不但無法親臨購物現場，也沒辦法像「經濟型」消費者那樣花時間做足事前功課。

對他們來說，最在意的便是「如何增加購物效率」，因此商品是否能隨手可得，或有沒有便捷的送貨服務，是他們最關注的焦點。近代發展的電子商務，無疑是最適合此類消費者的選項。雖然消費者的行為分析是一門龐大的學問，所以我們沒辦法在這裡列舉所有的消費行為，但是對於新手創業家來說，透過這種方式區隔客戶族群，是不錯的方法。

例如自己決定以純手工製作的女性首飾為主力商品，那麼可以想見，「經濟型」消費者幾乎不會是目標的消費者族群，反而「衝動型」和「工作繁忙」型較有可能。

又如果首飾訂價略高，平均介於1,000至2,000元，又沒有開放信用卡服務的話，可能「拮据型」消費者也會被排除在外。雖然「理論」有時候看起來不過是紙上談兵，但只要了解其中精髓並靈活運用，無疑是成功創業最有力的基石。

⑤何時購買（When）——時機（Occasions）

消費者在「需求」出現的時候，就是買賣成交的最好時機。雖然我們不一定能完全預測「需求」出現的時間，但有些時機點是可以掌握的。例如換季會增加人們購買春裝或冬裝的需求，百貨公司一年一度的周年慶也會提高消費者的購買意願。

或是前面談過的節慶，都會影響禮盒或高價禮品的銷售業績。如果能在這些重要的時機推出深得消費者青睞的商品，當然也有一舉提升公司知名度與口碑的效果，是必須善加利用的機會。

⑥在哪裡購買（Where）——場合（Outlets）

「哪裡」可以買到商品，也是深深影響消費者的因素之一。不少人一定都有這樣的經驗：諸多店家已然打烊的晚上11點，自己卻莫名餓起了肚子。

打開冰箱乏善可陳，偏偏離家最近的超市又必須騎車20分鐘……相信很多人寧可因此放棄「吃東西」的需求，不如在家呼呼大睡，感覺還比較實際。可是如果巷口轉角就是便利商店，應該多數人都會義不容辭地下樓買消夜。

因此臺灣街巷林立的便利商店，才會以販售各式生活消費品為主，包括簡單的醫療用品（像是OK繃或透氣膠帶）、零食、文具……等等，並藉此加強「便利生活」的店家形象，便是掌握了Where的概念。

對於需要精挑細選的商品，便利商店就不是消費者的購物首選，通常反而會以都市中心或商業區為主。

所以許多購物商場或百貨公司，往往也占據了市中心的精華地段，兩者具有相輔相成的關係。當然對消費者來說，能夠一邊盡興地挑選喜愛的商品，還能一邊互相比較價錢和品質，也是購物不可多得的樂趣。

但是少部分特殊商品，就算位於遠離市中心的郊區，仍能吸引消費者登門造訪。例如臺灣鼎鼎大名的朱銘美術館位於金山，交通也不是非常方便。

但是對於喜愛朱銘先生的收藏家而言，即使必須親臨一趟現場，只要能夠買到珍愛的藝品也在所不惜。所以從Where的概念出發，我們可以藉此反推旗下的商品屬性，再選擇鋪貨通路必須讓消費者「就近」、在「商業區」還是「特殊店」購買。

有時候「Where」不只會影響個人創業的成本，還會對公司品牌的形象塑造產生一定程度的影響，不可不慎。

7

市場

想要在這片茫茫商場中找到屬於自己的市場，我們可以透過做一些簡單的功課，做為劃分市場的指路明燈，找出可以讓公司分食的大餅。

尾田榮一郎繪製的漫畫《航海王》（又譯《海賊王》、《One Piece》），故事描述主人翁魯夫，為了成為「海賊王」的冒險故事。創業，其實也是讓我們每一個人化身成魯夫，向那未知的大海前行，一緣成「王」的夢想。

而商場中的「市場」，其實就像那一望無際的大海——美麗、壯闊、深不可測，能載舟亦能覆舟。

想要在這片茫茫商場中找到屬於自己的市場，看似簡單，但對於毫無頭緒的創業新手來說，無疑困難重重。不過我們可以透過做一些簡單的功課做為劃分市場的指路明燈，找出可以讓公司分食的大餅。

行銷人員之所以能將公司新推出的商品「賣」給全球70億的人口，並不是因為他們對每一個人做了詳細的調查和分析，而是透過「市場區隔」（Market Segmentation）的概念，將「70億人」這個原本屬於一個完整大餅的市場切割成好幾份。

例如性別（男性/女性）、學歷（小學／國中／高中／大學或大專／碩士／博士）、婚姻狀況（已婚/未婚）……等等，並根據商品屬性，找出適合的顧客群，是目前較為常見的區隔方式，但卻不是唯一的方法。所以我們也可以透過另一種較為基本的「層次分類」，達到市場區隔的目的：

①區隔行銷（Segment Marketing）

再次拿「吃飽肚子」為例：每個人都必須吃東西才活得下去，所以理論上來說，只要有廠商推出食品，就等於滿足了市場中的這類需求。

但是每個人對食物的要求不同，就像有些人覺得「反正吃下去不都是會拉出來，隨便吃路邊攤一碗30元滷肉飯就好」；也有人認為「東西就是要好吃」，所以願意花更多錢品嘗美食。

王品集團即看準了這條區隔市場的界線，所以旗下除了王品牛排之外，還有陶板屋、藝奇、石二鍋……等連鎖店，而且每一間店提供的料理和價位都不盡相同：西餐牛排是王品集團起家的基石，消費價格1,500／人；藝奇則為創意日式料理的餐廳，消費價格含一成服務費約800／人左右；石二鍋為平民的火鍋餐廳，價錢也十分親民，約250／人。

也就是說，原本為完整大餅的「吃食」市場，在王品集團的規劃下就被區隔成更多層次，也一口氣滿足了更多不同族群的需求。

飛機的艙等也是一例，消費者可以根據個人收入或需求（例如長途飛行，便會提高對舒適度的要求）選購經濟艙、商務艙或頭等艙。甚至連近年興起的「廉價航空」，也是市場區隔的案例——每位客戶都可以用較為低廉的價格抵達目的地，一樣可以根據個人所需，選擇必須另行付費的項目。

這幾個例子都可以明顯發現這些企業不只滿足了消費者的「基本需求」，還同時提供更具彈性的高品質選擇。而且只要我們用心觀察的話，會發現生活之中信手捻來，處處都有市場區隔的痕跡。

②利基行銷（Niche Marketing）

既然前面提到王品集團，當然就不能不提到創辦人戴勝益先生。面對激烈的競爭市場，這位企業家又是如何看待的呢？

「《藍海策略》這本書，很少人沒聽說過。作者認為，與其在競爭激烈的紅海苦戰，不如另闢藍海，開發全新市場，開創獨一無二的價值，才是上策。理論一出，舉世為之驚豔。但是，放眼世界，我認為『藍海』根本不存在。今時今日，訊息的傳播速度飛快，網路發達更加倍助長資訊流通散播。任何商業模式、產品、硬體軟體……不管多創新、多特別，市場絕對不會眼睜睜的讓某一個受歡迎的點子被任何人『獨享』，一旦面世，就算原本是『藍海』，第二天也變『紅海』了。」

隨著現代科技日新月異，以及資訊傳播的效率提升，各大廠商面臨的競爭越發激烈，已經不能與十幾、二十年前的時代同日而喻，戴勝益先生所言不無道理。

因此他在這篇文章中，勉勵後生務必堅持不懈才能有所成就。但有趣的是，行銷學中的「利基行銷」，雖然不完全屬於藍海策略，但也不失為殺出血路的另類方法。

「利基行銷」有一個非常大的特徵，就是因為消費者對這塊市場的需求十分專精，競爭者相對較少，顧客相對願意支付較高的金額以滿足個人需求。

我們都知道保險公司通常只願意把保單賣給健康、沒有不良紀錄的人。但在某些特殊情況下，保險公司其實還是會把產品賣給少數的高風險族群，只是保費較昂貴，即為一例。

自從瓦特發明蒸汽機之後，全球進入工業化時代，原本應該經由人們勞動而產生的商品就此被機器取代，大量、規格化的商品成為消費市場的主力，早期傳統的「挑貨郎」也逐漸式微。但是隨著客戶越來越難搞的今天，「挑貨郎」的概念重新捲土而來，並呼應了「利基行銷」的概念。

③地區行銷（Local Marketing）

全球數一數二的運動大廠NIKE，旗下產品品質孰優孰劣，大家有目共睹。而且不可諱言的，NIKE向來對品牌形象的塑造不遺餘力，這從他們每年願意斥資不斐聘請世界級運動選手為之代言可見一二。但是很少人知道，NIKE當初之所以成功的原因之一，就是始於贊助學校校隊的球衣、球鞋及設備。

我們可以把「Local」一字直譯為「當地」或「本地」，所以「地區行銷」的概念發展至今，也有「草根行銷」之意。

例如美國的食品公司Kraft，會與連鎖超商的業者事先確認乳酪製品的擺放位置，使其產品在美國黑人與白人所得比例不均同的各區域內，達到最大的銷售業績。

回頭看看臺灣，AVON這間專門販售女性保養品及化妝品的品牌，最早是以直銷的方式在臺灣民間推廣。由於他們的產品真正物美價廉，深得客戶喜愛，因此使用者都會大力推薦給身旁的親朋好友，口碑評價如此便一傳十、十傳百，至今甚至發展為包辦流行飾品、內衣、香氛用品的企業，是草根行銷的成功案例之一。

Nu Skin也是另一個廣為人知的案例。姑且不論部分直銷公司惹人非議的推銷手法，但Nu Skin跟AVON一樣，不曾砸大錢買廣告，或是力邀知名人物代言，反而以口耳相傳的方式，讓企業產品和市井小民的生活做連結——這就是草根行銷最大的特徵之一。

其實早在「草根行銷」的概念被提出前，臺灣四處都可以發現其蹤跡。舉凡刷牆的廣告，或是貼在電線桿上的廣告傳單，都屬於草根行銷的方式。但是因為並非每個國家都能隨處看到廣告被刷在牆上或貼在電線桿上，所以草根行銷的另一大特徵，就是「融入當地風土民情」。因此在市場區隔中，草根行銷即是以「地區」為單位。

近年全球皆產生巨大的變化，不論是政治、經濟還是民生，傳統金字塔式的社會結構已經開始崩場，「個體概念」的崛起已然呼之欲出，整體社會因此越顯扁平，甚至可以大膽預測這將成為未來的一種趨勢，無疑為草根行銷提供了絕佳的條件，勢必也會在不久的將來，被越來越多的企業所採用。

④個人行銷（Individual Marketing）

工業革命最大的好處，就是統一了產品的製造規格，以進行標準化的作業程序，並大幅提升了產值，改善了許多消費者因為傳統勞力的製造方式而買不到商品的窘境。

當然，還一併降低了廠商的生產成本。但最大的缺點，就是讓我們每個人只能被迫選擇與其他人使用一模一樣的產品——走在路上，看到迎面而來的陌生人竟然穿著與自己身上同樣的一件衣服，再沒有比撞衫更尷尬的場面了。

人們對「一統」後的不滿逐漸累積，自然轉而走上追尋「與眾不同」的道路。直至21世紀的現代，「個人意識」的抬頭儼然是常態。而這種狀況體現在市場，就是消費者的另類「需求」，因此「客製化」（Customization）不只是未來潮流的脈動，更是市場區隔的終極目標。而且拜網路及現代物流技術的進步，不論是公司行號或是私人工作室，都可以靠客製化打下自己的一片江山。

傳統的客製化商品常常出於客戶的特殊需求才被製作，生產數量通常不太多；而且因為是特別訂做，價格也極其昂貴。但是客製化概念發展到現代，早已和傳統的定義截然不同。7-11早在數年前便跟上這股風潮，開放客戶上傳圖檔，以印製個人化的i-cash卡；Apple的線上商店除了銷售旗下各式商品，還提供購買iPod客戶免費鐫刻的服務。

日本的Paris Miki眼鏡公司，同時也是全球最大的運動眼鏡企業之一，則使用數位設備拍下客戶臉型，並與顧客挑選的鏡框結合，用數位相片的形式讓客戶預覽戴上眼鏡的結果；此外，消費者還可以隨心所欲選購鼻梁架或鏡臂架等配件，而且只要一小時的時間就可以拿到深具個人風格的眼鏡。

回頭看看個人式的客製化服務：就算是手藝精進的鄉下工匠，只要製作出來的成品能夠抓住客戶的心，哪怕工作室在深山野嶺，想要瓜分世界市場的大餅也不是癡人說夢。

一如「專案管理生活思維」部落格版主姚詩豪（Bryan Yao）所言：「這幾年從身邊的人觀察發現，在這多變的時代能真正『混得好』的人，幾乎都具備了工匠或行腳商人的特質，反倒很少是大機構裏的螺絲釘。」

因此「個人行銷」最大的特徵，就是將消費者的個人化因素至上，給予顧客多元化的選擇以搭配出心目中最想要的產品，並配合精準的價格及運送服務，創造「確實抓住客戶需求」的品牌形象。

Part3

一定要懂的行銷策略

搶占市場的方式，從來不會只有創造營銷與藍海策略兩條路而已。

先機，無疑也能為創業者另闢蹊徑。

1

洞察先機

「先機」的奪取戰，某種程度上與創造營銷的概念有些雷同。

行銷的最高境界就是以先人一步的「創意」擄獲消費者的心——「創造營銷」亦是奪取市場最根本的好方法。但前面也轉述過戴勝益先生的想法：在訊息傳播迅速的21世紀，再好的商品問世，馬上會引起其他同性質廠商的跟進，讓藍海變成紅海。

如此論述聽起來相當有道理，難道就代表後進的創業家沒有其他開拓新市場的可能了嗎？

答案當然是否定的，因為搶占市場的方式，從來不會只有創造營銷與藍海策略兩條路而已——先機，無疑也能為創業者另闢蹊徑。

以臺灣的便利商店為例（此處必須先略過各企業是否投資大量廣告、深化消費者印象的行銷策略不談）：單以分店數量而言，7-11的在臺門市就多達將近5,000間，而全家到了2014年2月，也不過2,900多間，兩者數量差將近一倍。

其次，若再把便利商店提供的服務品項列入考量——舉凡代收款項、送洗、訂票、集點活動……等等，幾乎多由7-11率先提出，全家只能緊追在後，無怪乎在臺灣提起便利商店，多數人的第一個回答都是「7-11」，其次才會是「全家」。但是任誰都沒想到，這種超商大哥與老二的排序，竟然被一台冰淇淋製造機顛覆。

2014年的情人節，全家推出草莓口味的霜淇淋，竟意外引起大眾的熱烈迴響，連媒體都爭相報導，讓全家成功奪回企業聲勢，終於甩脫「屈居老二」的印象。

如果深入研究的話，會發現全家早在六年前就試圖推動冰淇淋的銷售業務，卻因為機台清洗不易而反應不佳。可是全家團隊看準了臺灣炎熱潮濕的氣候，還有消費者的期待心態，經過百般嘗試，終至一鳴驚人。如今換成7-11尾隨其後，不少門市也跟著賣起冰淇淋。

回過頭來思考，好像還是有點讓人匪夷所思：這豈不是合乎了戴勝益先生所言，一夜之差，就讓藍海變紅海？但有趣的是，現在如果說起「超商的冰淇淋」，在多數消費者心中，回答不會是7-11，而是全家。

同樣的，當Apple推出第一代iPhone時，各大手機廠商莫不紛紛跟進，但Apple並沒有因為利潤被瓜分而倒閉。相反地，Apple股價不但水漲船高，其後每一代的iPhone幾乎瞬間就被搶購一空，這是因為人們已經留下將「智慧型手機」與「Apple」畫上等號的印象。所以我們可以明顯發現，藍海與紅海已經不再是此類搶占市場手段的重點。

區區一臺冰淇淋機並非如iPhone般的驚人創舉，而且便利商店本來就有專門販售冰品的冰櫃，更別提臺灣各大夜市都有霜淇淋可買，消費者根本隨手可得此類商品。

如果要說全家率先挖掘別人沒察覺的消費者需求，未免有點言過其實。所以真正讓全家翻身的主因，在於他們做了其他同性質企業「沒有」做的事，並藉此讓消費者留下某種「印象」，即「企業形象」，這才是洞悉先機、搶佔市場的要訣。

這種「印象的開發」聽起來簡單，實際上做起來卻很困難，因為「先機」的奪取戰，某種程度上與創造營銷的概念有些雷同，但運用的元素卻是現已開發的營運模式或商品，以創造出1+1>2的價值。綜觀生活周遭，靠此創業成功的實例俯拾即是。例如台東，在許多人心目中無疑是旅行的好去處，亦是臺灣觀光業十分蓬勃發展的區域，所以店家或廠商的蜂擁進駐，也是可以想見的事了。

唯獨台東的鹿野鄉，近兩年雖以熱氣球聞名，吸引了不少觀光客，卻因為人口密度實在太低，平日的來往道路也只有砂石車和警車會經過，很難引起商家進駐的興趣。44歲的何寬倉反其道而行，五年前和妻子拋棄月薪十萬的生活，選擇在這裡的荒地開設咖啡廳Angel Mini Café。

Angel Mini Café的經營狀況當然並非一開始就扶搖直上，常常一天賣不到五杯的咖啡，月收入只有一萬多塊錢，甚至連當地人都覺得何寬倉夫婦很奇怪：「竟然在這種沒有人煙的地方開咖啡廳，應該過不了幾個月就打道回府了吧。」。

可是何寬倉堅信「沒有做不起來的生意，只有不用心的人」，因此深入當地居民的生活，用口耳相傳的方式創造口碑，成功讓在地人養成下班後來Angel Mini Café喝杯咖啡再回家的習慣。

多數人大概到此為止便覺滿足，但是對特別喜愛Mini車的何寬倉來說，認為自己可以做得更多，而且心中一直希望有天能夠將事業與興趣結合，因此特意將三輛不同顏色的Mini車停放咖啡店前，讓客人隨意合照，兼具吸引客人的效果；另一方面，因為台東一帶幾乎沒有專門維修Mini車的車行，何寬倉還熱心提供各路車友免費的「車體健康服務」。此舉不只讓全臺灣的Mini車車友成為死忠的支持者，也變成他最有力的免費宣傳。

一個原本甚麼都不懂的何寬倉，如今不但能說上幾句原住民語，更創造出每個月營收超過20萬、平均毛利率約四到五成的奇蹟。Angel Mini Café就和全家的冰淇淋機一樣，靠的並不是驚為天人的發明，而是開發了別人並不看好的處女地。

其他像中興保全將觸角伸至ATM提款機和居家專屬安全管家、統一超商與三大物流公司的合作……等等，都是類似的「市場先機」概念。

我們一樣可以想見在這些企業的創舉之後，一定也有其他同性質的業者搶著分食市場大餅，但不論是何寬倉的Angel Mini Café，或是中興保全的其他競爭者，都已經在當地人和許多支持者心目中，豎立不可替代的企業形象，讓人望塵莫及。

2

人脈就是錢脈：關係打好了嗎？

「當你用一根手指指向別人，別忘了另外四根正指著自己」，這句話的意思是說我們在指責他人時，不能一味將過錯怪到別人身上，也要想想自己的缺點。

莫說商場沒有永遠的敵人，就算是在社會安身立命，我們也會盡可能避免與人「撕破臉」，因為我們永遠不知道現在這個和自己「不對盤」的同事或朋友，會不會在某些關鍵時刻成為貴人。

尤其對創業新手來說，只要任何一個環節出了錯，都可能演變成失敗的危機。所以對多數人而言，選擇創業的產業通常不會與個人的老本行差太遠，是一種降低創業風險的方式。既然如此，創業前後打交道的人——也就是負責「製造」的上游廠商與協助銷售的「通路」廠商，大概也會是同個圈內的人。

如果創業前因為工作關係便與這些廠商熟識，固然是好事，但不少人就是因為與廠商的關係友好，卻忽略了商人的最終目標：「賺錢」，而因此做出許多錯誤的判斷。

例如很多時候與廠商的關係，都是建立在自己身後背著某某公司的名號，一但拿掉這層光環，對廠商來說，自己就只是某個創新品牌的負責人，卻不一定能讓他們看見「利潤」。

當然從某方面來說，這是十分殘酷的事實，人情冷暖大抵如是，畢竟「賠錢的生意沒人做，殺頭的生意有人做」是商人的本質。如何讓這些上下游廠商願意與自己合作，則是一門談判的學問。

如何與廠商「談條件」？

舉凡服飾、食品……等等，世界各國都有人憑一己之力創造受人歡迎的商品。尤其在現代，透過店家的傳統銷售已經不再是主流，取而代之的是網路的崛起，許多民間品牌甚至因為良好的口碑，引起網友的爭相購買也多有所聞。

此時讓我們假設一下：如果自己就是這種「網路爆紅」的經營者，為了增加利潤而尋求大廠商的合作，會如何與對方談條件？

很多人大概會說：「我希望商品包裝該如何呈現、通路要鋪在哪裡、毛利這樣分配……」等等。這些條件都不過分，而且合情合理，但是因此被廠商拒絕的可能性也很高，理由在於很多人會忽略另一個可能性：自己的商品再怎麼好，該廠商或許還有其他更好，甚至更大的品牌與自己合作。相較之下，自己認為對方一定會接受的讓利，在對方眼中可能只剩下「蠅頭小利」。

舉例來說，賣任何商品都有風險。萬一商品銷售不如預期，會對廠商造成囤貨的壓力。這些增加的倉儲成本，該由誰來分擔？又如廠商的自有通路，可能是他花了十年時間、傾盡個人資金和人脈才打下的江山，如今自己僅憑不超過50%的利潤就想共享利益，廠商又為什麼要答應？

「要合作可以，看你拿得出多少誠意」，是很多人尋求廠商合作時最常聽到的一句話。如果搞不清楚這句話背後的真義，創業者永遠只會覺得「開出的條件已經很優渥了，為什麼還說我沒誠意？」。

生意一直都是用「談」的，當中一來一往的訣竅，就在於我們能不能從中窺見對方的「真正需求」——人與人相處時，都不見得把話說得露骨，廠商亦如是，所以對方的「真正需求」必須靠自己捉摸。不過就是因為商人的本質即為「在商言商」，需求還是有其脈絡可循，可以大概從以下幾個面向探索：

①利潤

，是合作能否成功的「基本」，並非關鍵。說穿了，尋求與廠商的合作，就是「有求於人」，姿態當然不能太高。如果狀況允許的話，新進創業者應該盡可能釋出較大的利潤給對方，提升合作成功的機率。

②成本

即為生產成本，當然越低越好。創業固然需要天馬行空的想法，但不能因此而「倚老賣老」，以為製造商品的訣竅掌握在自己手中、對方也有利潤可圖，便將成本轉嫁到對方身上，是許多新手創業者容易犯的錯誤。

③作業

即為生產過程。任何商品只要多一道工，廠商必須付出的成本就會隨之增加，因此建議新手創業者在談判時，能從較簡單的商品開始。等到公司營運穩定，雙方合作一段時日、建立信任基礎後，再詳談其他較為複雜的商品。

④風險

包括很多面向，會因產業不同而產生不同的風險，如前所述的倉儲即為風險之一。想當然爾，若能降低廠商風險，而且利潤豐厚，合作成功的機率當然較高。

「當你用一根手指指向別人，別忘了另外四根正指著自己」，這句話的意思是說我們在指責他人時，不能一味將過錯怪到別人身上，也要想想自己的缺點。

與廠商談判也是差不多的道理：當廠商不願意接受優渥的合作條件時，更多時候是因為對方感覺到我們的「自私」，我們卻不知道該如何站在對方的角度著想。

前述攸關談判是否成功的四個面向，除了利潤之外，很少人會將成本、作業和風險納入考量。如果能事先了解廠商的難處，合作時提出相對的配套措施或解決方案，當然才會讓對方感覺自己有「為自己」著想。待人接物如此，相同的道理亦能行遍天下。

對創業新手來說，只要任何一個環節出了錯，都可能演變成失敗的危機。

3

Branding（品牌）、CIS（企業識別系統）與企業標誌（Logo）

面對競爭激烈的市場與對手，各廠商旗下的商品幾乎大同小異。小至便利商店販售的洋芋片，就有品客、樂事與其他品牌；大至房屋選購，就有遠雄、國泰、太子、興富發……等建設公司。

當然，前面提過消費者的行為分析，很多人在選購時當然會優先把價格、功能、個人需求……等條件列入考量。但是即使幾經篩選，消費者最後能選擇的商品還是很多。

有趣的是，根據研究，商品如何在百家爭鳴中脫穎而出，「品牌」往往扮演了決定的關鍵。

甚麼是品牌？

品牌的英文Brand，出自挪威文的Brandr，為「燒灼」的意思。在早期的人類社會中，牛、羊、豬是經濟價值很高的家畜，人們便在這些動物身上打上烙印，藉此與他戶人家區分。

這種習慣延伸到中古世紀的歐洲，許多工匠習慣在自己打造的手工藝品烙印標記，方便顧客辨識商品的產地以及出自何人之手，更以此保障消費者的權益，這就是最早的「品牌」前身。

品牌為什麼很重要？

一如Apple率先開發智慧型手機iPhone，還有何寬倉的Angel Mini Café，甚至連我們常常看到某商家特別在招牌打上「老字號」或「自19XX營業至今」的字樣，代表這間店的商品一定好吃或好用，才能屹立不搖地經營長達數十年，都是品牌的一種形式。

我們不難發現，許多產業龍頭每年必須花費好幾百萬購買媒體廣告——甚至這些投入廣告的成本，遠大於企業研發新產品的人力、物力和資金，是因為他們深知在消費者要求越來越高的現代，商品的品質差別已經微乎其微，更顯出品牌印象的重要性。品牌一旦建立後，其所帶來的回饋，也就是獲利能力，很多時候雖然難以量化，但往往高於不停投入開發新產品的效益。

莫說不少企業主「短視近利」，對很多沒有品牌經營概念的人來說，「出一分成本、賺十分利潤」的商業模式不但更為淺顯易懂，而且站在商人「在商言商」的特質，立即性的金錢回饋更實際——把資金投入品牌，簡直就像把錢丟到水裡一樣愚蠢。

不少人在這種創業環境下，當然只知道把創業重點放在最容易評估能否賺錢的商品，卻忽略了創造品牌價值的重要性。這並不是說商品本身不重要，而是商品是否優良，本來就是影響創業能否成功的「基本功」。商品讓客戶不滿意，企業當然就沒有往下發展的第一步。但是如果商品在市場獲得了好口碑，想要進一步擴大發展，一定要從經營品牌下手。

說起「品牌」兩個字，一般人的直接聯想，大概就是「公司名稱」，例如Coca Cola或PEPSI這種響亮的名號，不論身處世界何地，很少有人沒聽過這兩間公司的名字。但在不為人知的背後，Coca Cola自1901年的廣告預算就高達十萬美金，也就是在一個世紀前，他們每年砸下300萬台幣經營品牌；Coca Cola的死對頭PEPSI，在1930至1950年代，雖然廣告預算只有Coca Cola的三分之一，但也有3萬美金，折合台幣將近100萬。也就是說，我們現在聽到、看到的Coca Cola和PEPSI，是他們努力創造「品牌」後的結果。一間徒具「名稱」的公司，如果不曾花費心力經營品牌，當然毫無任何影響力。

如果你覺得自己選購商品時，都以預算、功能性這種實際的條件出發，很少被品牌左右，那就讓我們假設一下：走進便利商店，發現架上放著「可口可樂」、「口渴可樂」、「可日可樂」的飲料，而且售價差不多的時候，你會選擇哪一罐？

少數人或許會基於嘗鮮或有趣的心態選擇後面兩者，但大多數人還是寧可選擇正宗的「可口可樂」，所以他們才能在美國取得超過40%的市場占有率，光是2001年的營收就高達兩千億美元，這就是品牌的力量。

品牌除了基本的名稱，還包括許多消費者不一定會注意到的精神象徵——品牌的故事和歷史、企業形象、價值理念、品質保證……等等。

例如臺灣知名的速食店McDonald's（麥當勞）和MOS（摩斯漢堡），雖然賣的都是差不多的漢堡和薯條，但是我們卻可以很快地在10秒鐘內分辨兩者的不同之處：從企業標誌來看，McDonald's總是以紅底襯托黃色的英文字母M，MOS則以紅底配上白色的MOS字樣為主；以商品的製造流程而言，前者大多強調迅速且口感如一，並不會因為販售地點及國家的不同，製造出不一樣味道的食品；後者則堅持現場製作，強調食材的新鮮度及在地化。

從企業形象的角度出發，McDonald's對於孩童議題的貢獻總是不遺餘力，甚至成立麥當勞叔叔之家，至今已服務超過三百萬個家庭的病童對抗癌症，更遑論世界各地的分店還能幫小朋友舉行慶生會。

MOS則著重於用餐環境，像是對服務人員的要求，還有食品的美味、健康與安全的訴求為主，並且始終大力推動社會環境運動，諸如「一日蔬菜日」或「蔬食菜單」。

我們對這些企業的認知，大多透過企業內部的行銷操作而來，像是廣告的精神主題、贊助屬性、活動舉辦……等等，讓消費者在不知不覺中建立該品牌的印象認知。品牌的經營成功，除了能左右消費者的選購意願，還能開創另一條財路——加盟。

4

加盟

如何選擇加盟的企業，也是新手創業者的入門功課。

「加盟」是許多人創業前會納入考量的一個選擇，最常見的理由是：只需要一筆加盟金，就可以分享該企業的技術與市場，讓許多創業新手以為只要備妥加盟金便萬事俱足。

但更多人不知道的是，加盟也有不同的合作模式，可以簡單分為以下三種：

1.自願加盟（Voluntary Chain）

國人較熟知的加盟方式為此種，即為準備一筆加盟金便可一緣創業夢想。不過事情往往不如大眾想像的那般簡單——每間企業酌收加盟金的方式不盡相同，有些規定每年必須按時繳交固定的費用，有些只要一次付清即可，以各企業規定為主。

加盟金的主要用途是讓總部派人指導訓練，所以也被稱為「指導費用」，訓練成果經過總部認可，才會允許展店。至於開店的費用，像是租金、水電費、儀器、員工薪水……等支出，都由加盟者自行負擔，總公司也不會干涉加盟店的營運狀況（不論是賠還是賺），各店不旦保有100%的營運自由，也不需要與總部分享利潤，是自願加盟最大的優點，但換句話說，就是因為總部不需要加盟店負責，有時候指導的過程難免較為鬆散。

而且因為加盟店不用聽命於總部，也就是沒有統一的管理，可能導致加盟店良莠不齊、影響品牌的情況，是自願加盟的缺點。即使如此，台灣多數的企業仍採用此種加盟方式。

2.委託加盟（License Chain）

委託加盟正好與自願加盟這種自由度極高的加盟方式相反，加盟者只需支付一定的費用，其他像是經營所需的器材、儀器……等等皆由總部提供，所以店鋪的所有權屬於企業，還必須聽命於總公司；加盟者只有營運的權利，利潤也必須與總部分享，美國的7-11便以採用此種加盟方式為主。

雖然乍看之下，委託加盟會讓人感覺處處受限，但是因為企業總部的高度介入，就算營運失敗，總公司當然必須負一半責任，加盟者承擔的風險反而比較小，是建議加盟新手比較適合的入門方式。

3.特許加盟（Franchise Chain）

特許加盟是介於前述兩者的加盟方式。通常加盟者與企業總部必須共同分擔展店的費用，例如店內裝潢由加盟者承擔，總部負責生財設備。

雖然特許加盟也必須和總部分享利潤，但是因為加盟者負擔展店費用較高，利潤抽成的比例當然也比較多，而且對於店鋪營運也有部分的決定權。例如日本許多便利商店就是採用這種加盟方式。

加盟方式	展店費用	營運決定權	利潤分享	風險
自願加盟	自行負責	擁有100%權力	不須與總部分享利潤。	營運方式自行負責，風險最高。
委託加盟	較低	須受總部控制	必須與總部分享，利潤最低。	由總部負責至少一半的營運責任，風險最低。
特許加盟	與總部共同負擔	具有部分影響力	必須與總部分享，但利潤比例較委託加盟高。	介於自願加盟與委託加盟中間。

不論這幾種加盟方式的風險高或低，世界上本來就沒有100%穩賺不賠的投資。就算是風險最小的委託加盟，也不能代表完全零風險。例如前面我們提過的「葡式蛋塔」熱潮，即因為毫無限制地大開加盟之門，加上製作蛋塔的技術並不難學，很快就被同業攻堅，因此被競爭激烈的市場擊倒。

另一個臺灣較為知名的加盟品牌「鮮芋仙」，亦傳出不少的加盟糾紛。當中最為人詬病的，就是總部為了維持商品品質，要求加盟者必須向總部購買原料。

並不是說鮮芋仙如此要求不合理，而且一般說來，企業的加盟店數越多，總部向上游供貨商的訂貨量越大，越有機會爭取較低的價格，亦即「以量制價」的策略。但是鮮芋仙提供給各店家的原料價格，竟然比加盟者自己找其他廠商進貨的價格還來得昂貴，並沒有把握其「規模經濟」的優勢，致使加盟者紛紛退出加盟。

身為消費者的我們，看到鮮芋仙分店一間又一間地開，又一間間地應聲倒閉，道理便在此。如何選擇加盟的企業，也是新手創業者的入門功課。

5

加盟金

如果說創業必須慎選行業，加盟就要知道如何慎選體系。

做好足夠的事前功課，是為了讓我們做事時能事半功倍，加盟也不例外。如果說創業必須慎選行業，加盟就要知道如何慎選體系。以下提供幾個評估加盟體系的建議，作為創業新手的選擇方向：

1.有願景的行業

Forbes.com（富比世）根據美國勞工統計局發布的未來就業展望，有二十多種現存職業，已有「絕跡」的跡象，包括辦公室的行政人員；甚至也有人提出「未來20年最熱門的行業，現在根本還沒出現」的說法。選擇加盟體系時，也可以套用同樣的道理。

目前看似生意興隆的行業，不代表永遠經得起市場考驗。尤其消費者喜好往往會受到季節或流行主導——例如每逢冬天就引起民眾搶購的「發熱衣」，是屬於季節性的商品；又如前陣子風靡臺灣的「雷神巧克力」，因為大受消費者歡迎，引起臺灣廠商仿效製造類似的商品，但並不代表「雷神巧克力」會一直長銷熱賣。選擇加盟體系時，切勿短視近利，是為大忌。

2.已具相當規模的體系

一間企業可以做大，除了代表有認真維護其品牌及商品品質，也因為加盟的店數較多，不論採取哪一種加盟類型，都有較豐富的輔導經驗。對加盟者來說，既然加盟金是無可避免的支出，當然選擇有經驗、品牌可靠的企業為主，亦不失為另一種保障。

3.同業的競爭能力

閩南話有句俗諺：「西瓜偎大邊」——剖成兩半的西瓜，一定是較大塊的較甜，意旨人們投機取巧的心態，只想往較具優勢的一方靠攏，還有因此衍伸「西瓜效應」說法。

雖然有些人認為這是貶低的用語，但商場猶如殘酷的戰場，加盟第一品牌的企業，對消費者來說較具說服力，比加入名不見驚傳的企業來得吃香；再加上大型企業通常有較完善的團隊操作品牌及控管品質，被市場淘汰的機率較小，加盟者能永續經營的機會當然較高。

3.商圈保障範圍

三步一店、五路一間的便利商店，蔚為臺灣奇景之一。當然，便利商店有其特殊的展店計畫，但是同樣的模式套用到一般的加盟企業，對加盟者來說，只有扣分的效果。

以辦公區的手搖杯飲料店為例：在一定範圍的街區，只要是在這裡上班的上班族，想要喝某個品牌的飲料時，只能到這間飲料店消費。

但是當這塊街區開了另一間相同品牌的飲料店時，因為在這附近的上班族數量並沒有增加，除了會導致消費族群被分散的現象，飲料店的營業額也會因此被瓜分。同一區域內相同品牌的商店越多，利潤分散的狀況會更嚴重。

換句話說，除非是非常特殊的品牌，大部分店家都有「商圈範圍」的限制。但是有的企業為了賺錢，只要有人想加入，根本不會顧及同一區域內是否已經有其他的加盟店。這對不論是舊的加盟者還是新人來說，其權力與利潤無疑都被犧牲，是選擇加盟體系前不可忽略的因素。

4.有無遵守法律規範

大家應該都聽過「狼來了」孩子的故事：喜愛捉弄村民的牧羊童三不五時高喊「狼來了」，藉此譏笑那些受騙上當的好心村民。當大野狼真的來的時候，根本沒有人願意伸出援手，牧羊童只能眼睜睜看著大野狼吃掉他的羊。莫說個人的形象維護不易，企業形象也一樣重要。

一間合法經營、通過政府認證的企業，代表的是負責任的態度與表現。新手加盟者可以檢視欲加入的企業有無經濟部商業司核准的執照、中央標準局頒發的服務標章註冊證，或是行政院公平交易委員會的不良紀錄……等等。

從這些蛛絲馬跡都可以幫助判斷一間企業是否值得信任。雖然我們並不能保證加盟這些擁有合法執照的企業就不會發生糾紛，但起碼可以降低個人權益受損的情況。

少部分連鎖企業即使擁有這些執照和標章，還是會因為諸多原因而與加盟者產生糾紛。建議加盟者務必把握「多聽、多看、多問」的三大原則，才能事先預防不必要的麻煩。

6

如何選擇加盟體系

我們時常聽到「加盟金」，讓很多人誤以為加盟時只要支付「一筆」金額即可。實際上，加盟費用共分三個部分：加盟金、權利金、保證金。

加盟是事關重大的商業合作，必須經過縝密的步驟，才能加入企業體系，因此簽約是無可避免的手續，但是只要談到法律行為，很多人大概耳邊會響起「法律只保障懂法的人」這句話，擔心自己成為被欺壓的一方。

其實加盟合約提及的事項大多大同小異，關注以下幾個重點，也能讓不懂法律的自己享有公平的加盟權益：

總部的合法文件

想要投資賺錢，當然要在合法範圍的許可內。如果欲加入的企業沒有經過政府的合法立案，即代表該企業在各方面都不值得信任，更不能因為低廉的加盟金而妥協，以免日後發生糾紛時求助無門。

此外，加盟時的簽約對象，必須確認是經過總公司授權的人，不然很可能之後合作不愉快，該企業可以用「簽約人概與本公司無關」的理由拒絕協商。最重要的，莫過於「加盟」的意義即為「合法的品牌授權」，務必事先確認欲加盟的企業具有該品牌的商標權，才不會發生繳了加盟金、卻只能「非法盜用」品牌的事情。

1.加盟費用

因為我們時常聽到「加盟金」，讓很多人誤以為加盟時只要支付「一筆」金額即可。實際上，加盟費用共分三個部分：加盟金、權利金、保證金。

加盟金是前面提過「總公司協助開店的費用」，例如自願加盟模式的企業會派專人訓練、委託加盟模式下的總部會請專人規畫營運事宜……等等，實際內容視各企業為主，無法一一詳述，於此略過不提。

權利金則為加盟店使用該品牌商標及商譽的費用。畢竟品牌經營非易事，哪怕是全球性的企業，當初也是傾注大量心力與資金才有今天的成就。想要不費一絲一毫就享受前人種樹的碩果，當然要付出相對的代價。至於保證金，其用途可以被大概分成以下兩種：

一種是總部為了確保加盟者會確實遵守加盟合約而預收的費用，概念類似於在外租屋的「押金」，通常會在合約結束、確認加盟者沒有違約行為時退還。

另一種用途發生於加盟者手邊現金不足、必須向銀行貸款的情況，有些企業會用來當作替加盟者幫銀行擔保的費用。保證金的用途沒有一定的規範，端視各企業為主。

2.供貨價格

大多數的加盟總部會要求旗下加盟店使用的原料，只能向總公司進貨，不可以私下找其他廠商供貨，用意是希望維持商品品質，不至於讓消費者在不同的店買到或吃到不一樣的商品，但這通常也是「加盟」最容易引發糾紛的癥結點。

誠如前述提過「仙芋鮮」的案例，加盟店抱怨總公司的原料價格比其他廠商還貴，最後紛紛憤而退出加盟，也是雙方不樂見的情況。

其實在簽約前，加盟者可以要求總公司在簽約時提供一份「供貨價目表」供參考。雖然加盟者不太可能有機會與總部討價還價，但起碼能在事前更清楚地得知加盟企業的規定，比事後才發現這些細則、感覺自己「被騙了」來得好。當然，如果總公司的的供貨價格跟正常市價比起來貴得離譜，可以要求加註「得以自行進貨」的細項，是保護自己的簽約步驟。

3.商圈保障

前面提過有的企業為了賺錢，只要有人想加盟，即使同一商圈內已經有一間加盟店，仍會允許加盟。當然，如果總公司的保護範圍越廣，加盟者就越有利。不過為了自身權益，簽約前務必注意有沒有「商圈保障」的條款。如果沒有記載，可以要求加註。

4.競業禁止

加盟一般都有年限，例如規定只需要一次付清加盟金的企業，可能授權加盟的時間只有三年，三年之後，如果加盟者沒有續約，「加盟」行為當然無效。

但是站在總公司的角度來看，他們也會擔心加盟期間教給加盟店的技術與營運方針會被加盟者繼續沿用，損及企業利益及智慧財產權，因此多會加註「競業禁止」的條款，即為「加盟」合作模式取消後，加盟者在一定時限內不得從事和原加盟店相同行業的工作，而且此舉經公平交易委員會判定過並非違法。

也就是說，假設我們今天加盟鍋貼專賣店「四海遊龍」，加盟合約到期後，就不能繼續賣鍋貼。但是至於這競業禁止的「期限」應該多久才合理則見仁見智；而且每間企業規定也不盡相同，大部分多為一至三年的時間。如果時限太長，諸如五年、十年，加盟者簽約前務必考慮清楚，以免影響日後生計。

5.概括條款

任何白紙黑字簽下的合約，都不可能詳盡記載所有的規定與情況，因此合約中常見「概括條款」的用語，也就是「本合約未盡事宜，悉依總部管理規章辦理」的字樣。這句話的意思是說，「雖然加盟的管理規章沒辦法全部寫在這份合約上，但就算沒寫在這裡，還是要以總公司的管理規章為準」。

大部分人通常會無異議通過概括條款，但保險起見，最好還是在簽約前要求總公司將管理規章附在合約上作為附件，起碼日後有任何糾紛，還有查找的依據。一方面是如果連加盟者自己「根本連管理規章的內容是甚麼」都搞不清楚便貿然簽約，我們很難說這是一份公平的合約；另一方面，則是管理規章一定是由總公司規定。所以只要合約中沒有註明的，總部都可以隨時或隨意放在管理規章，讓加盟者處於劣勢，小小的事前動作，總能在緊要關頭派上用場。

6.違約金

由於加盟契約多由總公司撰擬，當然對總部較有利，所以加盟合約往往僅針對加盟者列出違約條款，卻鮮少針對總部違約的部分提出說明。如果簽約前發現此類情事，加盟者其實有權對總公司提出「加註違約」的要求，並以總公司該履行的責任為主，越詳盡越好。

例如自願加盟模式下的總公司，應負擔派專人來加盟店訓練員工的義務；或是委託模式下的總部，本來就應該支付展店的費用，包括儀器、設備……等等。而且最後還要加註「如果總公司沒有做到以上這些規範」的罰則，才能確實保障加盟者的權益。

7.加盟糾紛

一般的合約通常會附註糾紛產生時，以某地的法院為管轄法院，例如臺北地方法院、高雄地方法院。這句話的意思是說，「有問題的時候，我們雙方都同意以某某地方法院作為主要的訴訟法院」。這句法律用語並沒有問題，但多數人常因此忽略兩件事：

首先，由於合約是總公司提出的，管轄法院通常就是總部所在的地區。如果加盟者是外縣市居民，一旦問題發生，勢必為了出庭而不得不在兩地舟車來回。但是反過來說，總部也不太可能為了法律糾紛而派人到加盟者所在地的地方法院出庭。

其次，根據實際發生過的案例而言，如果加盟者向總公司申訴糾紛無效，其實也可以請教消費者文教基金會和各縣市的消保管，所以我們不用因為看到合約上只寫「某某地方法院」就感到驚慌，找出其他同樣有效的申訴管道是另一種幫助自己的好方法。

8.加盟終止

以臺灣現在並非約定成俗的租屋習慣看來，房東多會在房客搬進來前酌收兩個月的押金。直到確認房客搬走，雙方確認對方沒有違約事項，房東才會完整地退回兩個月的押金。

加盟也是如此——預付的加盟金包括了保證金，目的也是為了預防加盟者違反合約，所以當加盟者要退出加盟時，都會想著該怎麼樣才能拿回這筆錢。既然如此，簽約前務必仔細看過「終止加盟關係」的規定，通常合約會詳細註明哪些行為明顯違反協議。

例如競業禁止，切勿等到發現自己違反合約、拿不回保證金後才來尋求解決之道，通常事情發展至此，除非是加盟總部無理，不然大概也沒有其他的方法了。

如果加盟者沒有違反合約，也沒有積欠銀行貸款，大部分的加盟總部還是會原封不動地退還保證金。畢竟白紙黑字寫下的合約，只要事前仔細審閱、有疑問就提出，不但能明確保證雙方的權利義務，也是對自己的保障。

9.合約解釋與法院公證

大部分合約都會一式兩份，由雙方各憑一份為據。一旦加盟者手上沒有拿到簽完的加盟合約，務必主動要求加盟總部提供影本。一方面是加盟者本來就有隨時審閱合約的權力，另一方面，因為合約都是由總部提供，而且多數的加盟者並非法律專業人士，難免對當中的條文產生各式疑問。

如果手上有一份合約影本，交由懂法律的人解讀也比較方便。最重要的，就是千萬不能只聽加盟人員的片面之詞，以免得不償失。

此外，加盟者還可以要求總部偕同合約至法院公證。許多訴訟之所以發生，往往是因為合約內容本身有錯誤、當事人之一對合約不明瞭，或是其中一方的約定疏失。

由於法院會有公證人確認合約內容，可以讓雙方在充分理解合約內容及效益的情況下簽署，再加上經過公證的合約，對當事人雙方皆產生拘束力，也有督促加盟總部履約的效果。當然，公證的好處不只如此。雖然多跑一趟法院看似麻煩，但是對處於弱勢的加盟者而言，無疑能給予更充分的保障。

如果加盟者向總公司申訴糾紛無效，其實也可以請教消費者文教基金會和各縣市的消保管。

memo

Part4

品牌發展

　　當商品背後有了故事，消費者便容易產生情感的認同，反而可能會優先以認同的程度選購商品

1

自有品牌

一樣是品牌，「自有品牌」是較為特殊的種類，往往只有通路或零售商才有機會創立。

不知道從甚麼時候開始，7-11的貨架上除了品客和樂事的洋芋片，還多了「7-11」這個牌子的餅乾供消費者選購；屈臣氏、家樂福亦如是，舉凡洗髮精、冷凍水餃……等各式民生用品，都突然出現「通路商牌」的商品，看在消費者眼裡不但新鮮有趣，而且價格通常比其他被民眾所知的牌子更便宜，因此獲得大眾青睞，這就是國外早已行之有年的「自有品牌」。

一樣是品牌，「自有品牌」是較為特殊的種類，往往只有通路或零售商才有機會創立，原因在於只有他們才有機會每天進口、清點數量龐大的各式商品，經過收集、整理、分析後，可以從中輕易得知消費者的喜好。

既然「市場需求」這個令眾多企業頭痛的重點被拆解了，通路商與零售商只要選擇適合的商品進行開發、製造，加上售價更低廉的價格戰，當然能迅速成為市場新起之秀。

當然，並不是所有的通路商、零售商都能成功打造自有品牌，通常還要有以下幾個條件——同時也是自有品牌的優勢：

1.信譽優勢

以前臺灣隨處可見的柑仔店，賣著各式各樣的雜貨，當然也是通路的一種，但我們卻很難看見柑仔店賣起「自創品牌」的商品，如「阿旺牌口香糖」，原因於早期的柑仔店都採獨立經營而非連鎖，只有住在附近的居民才會上門消費。

即使「阿旺牌口香糖」真的問世，也會因為消費者還沒建立起對該品牌的信任，最後可能寧願選擇「青箭」或「飛壘」。

又如許多人喜歡在露天或Yahoo拍賣尋找特定商品，總會點閱賣家的評價、看對方有多少負評，再決定要不要跟這個人買東西，這就是信譽的力量。如果不想花大錢經營品牌，選擇「路遙知馬力」也是不錯的方式——藉由消費者購買經驗的累積（例如：這間店的東西真的賣得比其他間便宜），或是口耳相傳的草根行銷（例如：身邊朋友不約而同推薦某件商品真的很好用），都可以是塑造商譽的方法。

前述提及的7-11、屈臣氏、家樂福，莫不是在臺深耕多年，早已在大眾心目中留下「購物方便」、「商品多樣」、「價格便宜」、「優惠特別多」……等形象，也在不知不覺中養成消費者來這些地方購物的「習慣」。

既然市場需求與人流的條件都有了，推出「自有品牌」的成功機會，當然能大大提高。

2.價格優勢

想要成為被大眾認可的通路，勢必必須在國內擁有許多分店，才能讓住在臺灣各處的國人對此通路商留下品牌印象，塑造消費習慣。

換句話說，當通路商製造這些自有品牌的商品時，因為鋪貨的通路遍及全國，不只供貨量驚人，還能靠「以量制價」的策略壓低製造成本，這也是自有品牌的商品價格比既有品牌還便宜的關係。

或許有人會想：「這些既有品牌，不是一樣能在各大通路上架嗎？他們的供貨量應該也很驚人吧？難道就不會跟自有品牌拚價格嗎？」。這是個好問題，卻忽略了通路「商」是商人的前提，當然不可能免費提供空間讓廠商賣商品。

廠商不但必須付錢給通路商，這筆「通路費」通常還會轉嫁到消費者身上。但是因為擁有自有品牌的廠商就是通路商，當然可以省下可觀的「通路費」，商品價格自然更低廉。而且自有品牌的基石往往來自大眾對該通路的良好印象，也不必像傳統的品牌營造那樣砸錢買廣告，因此最有利的優勢，莫過於低價了。

自有品牌的商品到底可以多低價？根據統計，歐美商業企業中的自創品牌商品，可以比同類商品便宜30%以上；日本大榮集團的自有品牌，視商品的不同，可以比同類便宜10%至30%。自有品牌，無疑是獨特的行銷趨勢。

3.特色優勢

既有品牌為了讓更多消費者買得到旗下商品，通常不可能只選一個通路鋪貨，而是盡可能讓商品被越多人看到越好，造成我們逛一間店跟逛十間店，看到的商品品牌都差不多的情形。

例如屈臣氏與康是美這兩間都以販售女性或健康等日常生活用品的連鎖店，面膜類來來去去都是森田藥妝、美麗日記等品牌。自有品牌與這種既有品牌商品最大的差別，在於我們不可能在全家便利商店看見7-11牌的食品，屈臣氏也不會出現康是美牌的洗髮精。

換句話說，這些通路商因為已經擁有廣泛的販售地點，並不需要將自有品牌的商品授權給其他店家販售，所以習慣購買自有品牌的消費者，一定要到固定的商店才買得到，塑造了自有品牌獨特的通路特色。廠商甚至只要擬定準確的市場策略，就能把自有品牌的特色發揚光大，成為取代既有品牌的商品也不為過。

4.領先優勢

自有品牌之所以能崛起，主因在於通路商有著其他廠商所沒有的優勢，也就是每天必須經手數量龐大的各家商品。從清點的進、銷貨量，就能得知消費者的需求。

更特別的是，即使臺灣面積不大，各區域仍有著個別的消費習慣，一樣可以從中一探究竟，當然能比其他廠商搶先一步根據消費的需求製造商品，讓自有品牌處於先發制人的有利地位。在有如戰場的商場，能否掌握競爭的主導權，往往也關乎企業存亡。

前面說了這麼多自有品牌的優點，彷彿看似毫無缺點，但實際上自有品牌早已出現在我們生活周遭，其他既有品牌也沒有因此退出臺灣市場。我們先以7-11牌的衛生紙與舒潔衛生紙做比較，就能從中看見兩者優劣：

7-11的衛生紙囊括了前述所言自有品牌的優點，包括自有通路，省去了不必要的通路費，反映在售價上，價格相對便宜；而且因為幾乎只有製造及包裝的成本，不但能夠直接掌握商品產銷和品質的關係，還可以自行決定售價，不必受市場牽制。

缺點則為只能在7-11販售，通路受限，也難以壯大品牌聲勢，十分仰賴企業總部的行銷操作，才有可能打下市場的另一片天。另一方面，因為必須自製自銷的關係，商品很容易受工廠及原料影響。

相反地，舒潔衛生紙的優點，不但剛剛好正是7-11衛生紙的缺點——任何商店都能找到這樣商品，通路明顯比7-11牌衛生紙還廣泛，而且因為「舒潔」深耕臺灣市場多年，在許多消費者心中，留下「品質優良」的品牌印象，價格當然可以賣得比7-11牌還高，利潤相對較多。

缺點則為必須花費龐大的通路與廣告費，而且受制於市場——例如金融海嘯時，消費者寧可捨棄使用較高級的舒潔，選擇價格較低的7-11牌，因此很難分出何者孰優孰劣。

換個方式想，世界上的每一件事都沒有絕對完美的作法，端看我們如何人為操作。

品牌	優點	缺點
7-11	①使用既有店面通路，能省下通路費，售價較低。 ②自產自銷，直。接掌握商品狀況	①只能在7-11販售，通路較少，難以壯大品牌聲勢。 ②容易受製造工廠及原料影響。
舒潔	①可以在各大商店販賣，通路較多。 ②顧客認同度高，售價可以高一點，利潤較多。	①必須負擔廣告及通路費，反映在價格上，當然較高。 ②容易受限於市場。

在有如戰場的商場，能否掌握競爭的主導權，往往也關乎企業存亡。

2

多品牌策略

並非所有行業都適合「多品牌」的路線，只有那些處於成長期、還沒被壟斷的行業，才有推出多品牌的策略價值。

當我們踏進百貨公司的時候，一樓總是充斥了各式各樣販售化妝品與品養品專櫃。雖然對女性來說，這裡無疑是血拚的好天堂，但是站在行銷的角度來看，其實當中大有玄機。例如IPSA與Shishedo（資生堂），都是隸屬於Shishedo集團下的品牌。

受到女性歡迎的服飾品牌Miu Miu，其實是國際名牌Prada的副牌；義大利服飾Misxty Sixty，旗下亦另創副牌Killah。除了這些之外，男性較熟悉的轎車市場，也有「副牌」的存在：屬於BMW集團副牌的Mini Cooper，不論是Logo或車型設計，都與傳統BMW轎車有所不同，因此受到女性消費者的青睞。

Benz亦不落人後，看中都會區停車大不易的賣點，推出小巧又兼具安全的Smart車款，甩脫大器、穩重為設計主軸，擄獲市場上另一群消費者的心。從這些例子中，我們可以很輕易地發現，雖然品牌營造大不易，但這些品牌仍願意捨棄既有的品牌市場，寧可另外開發嶄新的副牌，目的不外乎殺出市場中的另一條血路，以吸引不同的消費族群。

並非所有行業都適合「多品牌」的路線，只有那些處於成長期、還沒被壟斷的行業，才有推出多品牌的策略價值，例如服裝、化妝、餐飲……等。原因在於品牌成長到一定階段後，會有「天花板效應」的問題，能夠繼續成長的空間並不大。透過適當的多品牌操作，則能有效增加企業收益。

舉例來說，王品集團最著名的王品牛排，因為每人每次的消費金額動輒破千，只有經濟寬裕的消費者才負擔得起。可是足以負擔如此金額的消費者，人數增加的速度並不會比王品牛排展店的速度還快，王品牛排遲早必須面對業績難以突破的困境，迫使王品集團不得不另外發展陶板屋和藝奇這種每人單次消費金額只有王品牛排一半的「副牌」。

還有價格親民、約莫兩百元上下的石二鍋，雖然王品必須因此支出更多的費用及風險，包括人事薪水、材料及運輸成本，但因為消費者族群被劃分得更清楚，反而可以增加集團收入。

多品牌策略也不是任何企業隨時想操作就能成功，常見於已經在市場具有相當知名的企業，例如前述的BMW、Benz、Prada、Shishedo……等。這些品牌所以能在競爭激烈的市場中屹立不搖，代表該企業商品必然在某些部分，像是品質、服務、技術、形象……等方面獲得消費者信賴。

此時再順勢推出旗下副牌，等於直接對外宣告這些副牌商品同樣具有與「正牌」商品一樣的保證，當然更容易被消費者接受。站在大眾的角度來看，消費者也不用額外花心力試用或比較這些沒看過的牌子，是一種雙贏的品牌操作。

多品牌操作除了具有提高企業利潤的目的，還能靈活地適應各式各樣的市場。身為商人，沒有人不希望將企業規模提升為全球品牌的層次。

但是世界各地都有不一樣的文化風情——光是宗教，就有佛教、伊斯蘭教、基督教、天主教……等等，每一種信仰都會促成不一樣的文化風情，當然也會影響消費者行為；又如社會的價值觀，也是會隨著時間演變的，像是以前的人比較崇尚Marilyn Monroe（瑪莉蓮・夢露）這種豐腴的體態，現代人則追求骨感的纖細。

時代總是在變動，只知道墨守成規卻不知道改變經營企業的方式與旗下商品的話，當然很快就會被市場淘汰。多品牌的操作模式，無疑能在未知的商場中，幫企業找出得以存活的一條路。

多品牌策略另一個重要的優勢，就是可以有效提高市場占有率。例如前述提過王品集團的例子：吃得起王品牛排的民眾，只是「全體消費者」當中的一小部分——容我們假設僅占20%。

雖然王品牛排還是可以堅持走高價位路線，但是很明顯就必須捨棄另外80%的消費族群。此時推出陶板屋、藝奇這種消費價格約7-800元的餐廳，可能還可以吸引另外20%的民眾登門消費。

至於價格更親民的石二鍋，因為對消費者負擔較小，或許可以讓30%的民眾願意走進餐廳。如此推算下來，王品集團的多品牌策略可以吸引20%+20%+30%=70%的消費者，其市占率怎麼樣都比單純經營王品牛排來得高。身為聰明的商人該如何抉擇，答案早已呼之欲出。

縱使品牌涵蓋的元素十分廣泛，而且操作複雜，但說穿了，就是消費者對該品牌的直覺感受。當然，廠商會盡可能將消費者對自家品牌的觀感導引至某個方向，但畢竟不可能討好每一個人，所以喜歡或討厭，還是由消費者自己決定。不過我們可以想見，在媒體百家爭鳴的現代，如果企業在不同的媒體露出不同的企業形象，像是前後不一的logo，勢必會引起消費者的誤解，所以CIS是近代企業必然採用的主流系統。

身為商人，沒有人不希望將企業規模提升為全球品牌的層次。

2

甚麼是CIS？（企業識別系統）

許多創業家在創業前，都對未來有一份美麗的期待。不論這份期許的動機是甚麼。

「品牌」是當代行銷學中非常重要的一種觀念。為了能讓消費者更輕鬆地留下企業印象，品牌營造的基本架構經過統整歸納，被發展出更有系統的CIS——企業識別系統，即為Corporate Identity System的縮寫。

CIS最早可以追溯到1914年，由德國的AEG電器公司採用經過設計的商標開始。二次大戰後，歐美各大企業紛紛意識到CIS的重要性，一股導入CIS的趨勢因運而生。

當中最著名的，就是五O年代的美國國際商用電腦公司，將公司文化和企業形象中的主要精神，結合公司全稱International Business Machine，創造出富有品質和科技感的IBM商標。而全球著名的Coca Cola，也是在這波潮流中的七O年代，創造出強烈紅色與律動條紋構築而成的商標。亞洲則是在這之後，甚至晚至八O和九O年代才開始引用CIS。

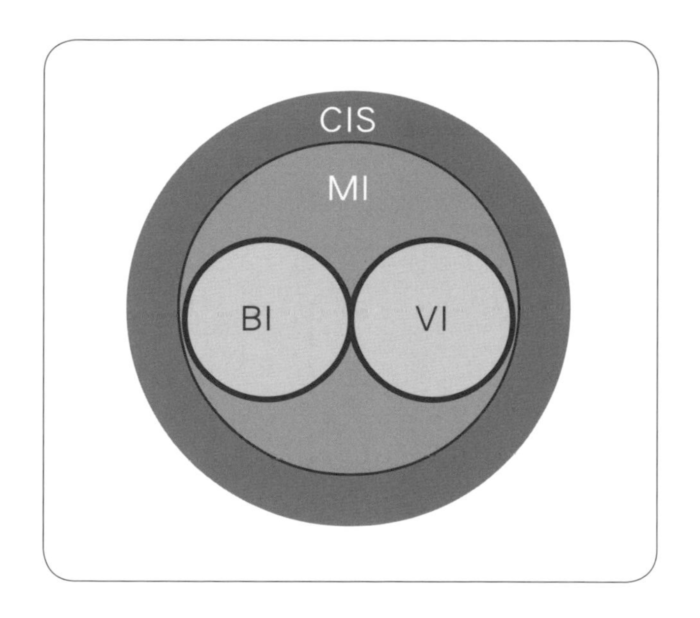

3

理念識別系統

創業初期當務求公司的穩定營運，待日後茁壯成長之餘，再仔細思考企業的文化也無不可。

CIS的構成內容，可以說是已經將打造品牌的要素囊括在內。其中最具精神指標的部分，即為理念識別系統（Mind Identity System，簡稱MIS或MI），可以被分為以下兩個層次：

1.企業制度及結構：

包括制度規章、生產管理、經營銷售……等。

2.企業精神及文化：

對內主要為企業的核心價值及意識形態，對外可以是員工的精神口號或座右銘，以提升公司整體的向心力。

當然我們身為消費者，比較難接觸企業的內部制度是如何運作。

但是企業的象徵性精神，則可以透過仔細觀察得來。例如前述McDonald’s與MOS的對比，或是Coca Cola總是打造出青春、活力、創新的形象，都是MIS概念的實踐。

許多創業家在創業前，都對未來有一份美麗的期待。不論這份期許的動機是甚麼：試圖改變現況，或是帶給大眾更美好、便利的生活，都可以是公司的精神基石。

所謂的「未來展望」，不見得一定要多遠大的目標——就像村上春樹發明的「小確幸」，也可以是公司價值觀的一環。當然，創業初期當務求公司的穩定營運，待日後茁壯成長之餘，再仔細思考企業的文化也無不可。

只是必須再次提醒新手創業者：一個品牌之所以能經過長年累月的市場考驗，MIS有著不容忽視的影響力。

3

活動識別系統

理念識別系統是一間企業的內在靈魂，活動識別系統（Behavior Identity，簡稱BIS或BI）則是對外的行為舉止。

一個人的內在個性，往往與他表現出的外在行為息息相關：個性較為樂觀的人，通常在人際關係的表現上也較為活潑、開朗；反之，個性較為沉默害羞的人，與人相處時通常也比較被動。

如果說理念識別系統是一間企業的內在靈魂，活動識別系統（Behavior Identity，簡稱BIS或BI）則是對外的行為舉止，並且同樣可以被分為兩個層次：

1.企業內部行為：

此處所指多為內部對待員工的方式，包括選用人的標準、評選、如何激勵員工、領導者的作風……等等。例如Google向來以完善的員工福利著稱，除了免費的員工餐廳和通勤專車，還有健身房、按摩師的服務，以及超乎政府標準的員工福利。

這是因為Google相信人們只有在自由的環境下，才能激發出最棒的創意，也是Google旗下產品之所以能永遠走在未來的關鍵。如果Google是一間不需要大量創意的公司，而是一間循規蹈矩的生產工廠，可能會以高度集中的方式管理員工，就不會是我們現在熟知的管理模式。

2.企業市場行為：

舉凡活動推廣、市場調查、贊助活動……等等一切與外在有關聯的行為，都是企業市場行為的範疇。例如前陣子轟動全球的世足賽，贊助商多以運動廠商為大宗；我們也不太可能在與孩童無關的活動看見McDonald's的贊助。

企業如何選擇參與哪些活動，都沒有好壞之分，但必須與企業文化相呼應，而不是採取亂槍打鳥的方式，以為曝光度越高越好，反而會造成大眾的辨識困難。

以新進的創業家來說，假設主力商品是女性的運動服飾，那麼贊助康是美主辦的減重比賽，或是其他與健康相關的活動都會是不錯的選擇；如果旗下商品是遵循古法釀造的韓國泡菜，任何關於推廣韓國文化的活動都必須盡可能參加。只要能事先確定品牌的精神與文化，就等於確認了公司未來的方針。企業的市場行為該如何因應，相對會比較簡單。

雖然對一般大眾來說，我們並不會真的在意世足賽的贊助商是否有NIKE或Adidas，但因為這類活動正好與這些廠商的企業精神不謀而合，因此BI也是影響企業形象的關鍵。換句話說，消費者就是在這種不知不覺的情形下，被企業根植品牌的印象。

Google相信人們只有在自由的環境下，才能激發出最棒的創意，也是Google旗下產品之所以能永遠走在未來的關鍵。

4

視覺辨識系統

既然是「視覺形象」，各企業當然務求美輪美奐，才能顯現品牌的質感。

視覺辨識系統（Visual Identity System，簡稱VIS或VI），著重於企業對外的「視覺形象」，包括使用的顏色、字體、尺寸……等，以確保識別的連貫性，提升企業或品牌的整體識別度。

VI的應用範圍非常廣泛，包括員工制服、公司招牌、建築外觀、櫥窗設計、產品包裝……等等。例如中華航空（China Airlines）的logo是一朵粉色的梅花，員工制服就以構築logo的紫色與灰色為基底。

國際知名的精品品牌Chanel，除了logo是由黑色的雙C構成，官方網站也以白底黑字的色彩配置為主，而且旗下販售的女性保養品的外包裝，多以同樣的色系呈現；Apple產品向來給人簡單、俐落的印象，不但旗下員工的名片也如出一轍，連展示中心也十分簡約。

既然是「視覺形象」，各企業當然務求美輪美奐，才能顯現品牌的質感。但是因為同樣的東西，可以有超過一萬種不同的設計，如何從中選擇適合自家廠牌的設計，還是要回歸最基本的公司理念。

例如Coca Cola之所以選擇耀眼的紅色為VI主體，是為了表達熱情、青春、活力的形象；Apple的VI多以黑、白、灰、藍為主，是因為Apple的首席設計師強納生・伊夫（Jonathan Ive）認為「簡約主義並非簡單了事，而是必須完全融入產品的生產過程，也是最基礎的東西」。

當然，VI的選擇一樣沒有對錯之分。只要能符合企業精神的設計，就會是好的VI。

雖然VI的目的是方便消費者辨識企業，但有趣的是，因為人的天性之一便是追求美麗的事物，有時候反而會讓初次接觸某品牌的消費者喜歡上該廠牌的視覺設計，因此成為死忠支持者。CIS整套系統沿用至今，我們其實很難說消費者到底是因為受到CIS的影響才喜歡某個品牌，還是因為該品牌的視覺設計讓人愛不釋手才吸引到顧客。

無論如何，對廠商來說，CIS只是凸顯企業形象的一種策略，並不能作為立足的靈丹妙藥。只有體察真正的市場需求，才能在瞬息萬變的商場立於不敗之地。

CIS只是凸顯企業形象的一種策略，並不能作為立足的靈丹妙藥。

5

企業標誌（Logo）

Logo不僅是CIS系統的核心之一，也和企業精神及文化有著極為關鍵的元素。

只要是與企業相關的視覺形象，不難發現處處都印有該公司的企業標誌，也就是Logo。之所以將Logo特別提出來討論，因為它不僅是CIS系統的核心之一，也由於和企業精神和文化連動的關係，是極為關鍵的元素。

企業標誌的特點

Logo的好處之一，就是消費者透過圖像的連續刺激，腦海中因此被反覆刻劃這些企業標誌——騎車經過連鎖咖啡廳Starbucks的櫥窗，會看到綠色的賽倫頭像；同事買進辦公室的外帶杯和紙袋，也印有同樣的圖案；走進Starbucks店內，陳設的商品上一樣可見賽倫的Logo。

當消費者下次再看見這枚小小的綠色標誌時，就會進行「Starbucks是一間咖啡廳」的直接聯想。對廠商來說，無疑是一種達到企業辨識目的最省事的方法，還兼具打響知名度的功能。

有了故事，品牌才會更動人

Logo的另一個優點，也是其他VI無法取代的地方，就是它往往是企業傳遞訊息的重要媒介。同樣以Starbucks為例，賽倫女妖的Logo乍看之下，並不是個會與咖啡產生關連的圖像。

但我們不能否認，咖啡貿易與航海是習習相關的，因此在1971年，Starbucks著手設計企業Logo時，西雅圖的年輕設計師泰瑞・赫克勒（Terry Heckler）便決定以「航海」為主題尋找靈感，最後找到一幅16世紀的雙尾美人魚木刻畫。

這名美人魚是出自希臘神話中的賽倫女妖（Siren），據說她們常用自己如天籟般的歌聲誘惑途經的水手，讓他們聽得如癡如醉，船隻就會因為無人掌舵而觸礁沉沒。Starbucks以此為企業標誌的意義，就是暗指他們的咖啡和賽倫女妖的歌聲一樣充滿魅力。雖然這個Logo幾經修改：從1987開始，首將黑色的Logo改成綠色，希望能給人明亮、活潑、親切的感覺；後來又在1992年把賽倫女妖胸部以下的部分刪除；20年後又將該商標簡化，除了將「Starbucks Coffee」的字樣移到圓圈之外，還將黑色的部分全數改為綠色。

無論如何，我們都無法否認Starbucks深耕全球市場超過30年，早已是許多咖啡愛好者的首選，與當初設計這款賽倫女妖的初衷，的確相得益彰。

全球知名的義大利超級跑車Ferrari（法拉利）的企業標誌背後，其實也有一段壯烈又令人哀傷的故事：Ferrari創始人Enzo Ferrari（恩佐・法拉利）的哥哥，有個義大利皇家騎兵少尉的戰友Francesco Baracca（法蘭斯科・巴拉卡），在第一次世界大戰初期曾憑一己之力擊落奧地利的五架戰機而成為英雄。

Baracca深信，他的好運全來自專用機上印著的那匹抬起前蹄、用後腳站立的馬。雖然後來Baracca升任91中隊的指揮官，這批「躍馬」理所當然地成了隊徽，但是Enzo的哥哥與Baracca卻在之後的任務中雙雙犧牲。

幾年之後，當Ferrari在第一場賽車比賽獲勝，Baracca的雙親建議Ferrar也應該在他的車上印上這批帶來好運的躍馬。經過圖騰的重新設計——黑色的馬匹，是為了向兩位英年早逝的國家英雄致敬、標誌底色的金黃色，是公司所在地摩德納的代表色——才成為我們現在看到的Logo。

在不做任何說明的情況下，成排的商品展現在大眾眼前時，消費者眼中看到的，不是開發這些東西的員工有多辛苦，而是價格、功能、實用性等考量。

可是當商品背後有了故事，消費者便容易產生情感的認同，反而可能會優先以認同的程度選購商品，如何在最短的時間內讓消費者接收品牌背後的故事，就是Logo最大的意義。

Logo的另一個優點，也是其他VI無法取代的地方，就是它往往是企業傳遞訊息的重要媒介。

6

企業標誌的設計原則

雖然企業主能選用的標誌風格越來越豐富，但仍然建議應以簡單、大方、平面為原則。

一套好的VI，除了能夠兼顧美觀，還必須與企業的精神、文化融為一體。雖然我們不需要親力親為，只要聘請專業的設計師代為設計標誌，但在選擇企業標誌時，應該把握以下幾個原則：

1.簡單原則

早期受限於製作條件不如現代精進的關係，標誌設計只能往簡單的方向發展。隨著科技的進步和設計師水準的提高，標誌開始出現立體化設計。雖然企業主能選用的標誌風格越來越豐富，但仍然建議應以簡單、大方、平面為原則。

一方面是Logo會套用在各式各樣的物品上：名片、制服、旗幟……等，若使用過度複雜的標誌，很可能印在較小尺寸的物品時，產生辨識不清的問題。

另一方面則是因應現代幾乎人手一支3C手機的使用習慣——手機為了攜帶方便，尺寸通常不會太大。受限於螢幕的關係，許多企業只好另闢手機專用的網站，以簡約為原則，讓手機瀏覽更為快速且清楚，此時簡單的Logo不但能縮短下載速度，還能提高標誌辨識度。

例如Google初期的Logo有立體的陰影效果，卻在2013年修改為更扁平、極簡的設計；ebay則從初始字母大小不一，而且排列不規則的設計，改成現在較為四平八穩的標誌。雖然變更後的Logo各有褒貶，但是如果站在方便手機瀏覽的角度來看，則是必要的取捨。

2.設計語言

我們人在說話的時候，當務求精簡、有利、條理分明，Logo設計亦是——如何讓人看一眼標誌就領會到該企業的中心主旨，則仰賴設計師如何將「設計語言」發揮到極致。

首先以Apple為例，其Logo便經歷過四次的更換。第一款牛頓版是Apple創辦人之一Ronald Wayne用鋼筆繪製的，靈感來自牛頓發現地心引力的故事，框邊還有詩句「一個永遠孤獨地航行在陌生思想海洋的靈魂」。後來卻因為太複雜，使用一年左右便委託廣告公司重新設計，即為第二代的彩虹蘋果，當中的意象為個性化，也是年輕族群十分注重的精神，因此馬上就被採納，共使用了24年。

單色蘋果的設計源於Steve Jobs重返Apple，決定將商品定位成簡單明瞭的簡約感，因此將彩色的蘋果改成黑色與透明版。

前者大多出現在需要反白的對比色上，例如白色包裝就使用黑色蘋果，後者則出現在電腦的操作介面中，原因在於當時的Apple電腦都採用透明性質的外殼，以此作為裡外呼應的象徵。

2007年，Apple不只正式將公司名稱從「蘋果電腦公司」改為「蘋果公司」，還推出第一代iPhone，便開始採用金屬樣式的Logo，並廣泛運用在相關產品上，作為「先端科技」的指標。

此外有趣的是，Apple最知名的「被咬了一口的蘋果」的標誌，根據設計者Rob Janoff表示，當初只是不希望被大家誤認為櫻桃，後來被衍伸為Steve Job那種極近苛求、近乎完美的象徵，算是美麗的意外插曲。

另一個不得不提的Logo設計，當為FedEx（聯邦快遞），其標誌也曾歷經更改。第一款在1973年由Richard Runyan設計的標誌，不但明確標示出公司名稱Federal（聯邦）以及公司的業務性質（Express，快遞之意），而且用色簡潔有力，遠遠看去就能一目了然。

不過在使用21年後，聯邦快遞決定不再以美國本土為目標，要以全球為服務對象。除了公司名稱從Federal Express改成現在的FedEx，更在嚴謹的保密作業下，一夕之間全面採用由Lindon Leader領軍設計的新Logo。

FedEx改名的意義，不只代表改頭換面的決心，還有其他實質意義的考量，包括讓公司名稱變得更好記、印製Logo的字數變少，以節省更多印刷費用……等等。

當然，新版Logo本身也不容小覷——除了是設計團隊絞盡腦汁想出200個版本才創造出來的成果，最為人津津樂道的奧秘，就是E與x之間形成的箭頭，因此在世界各地贏得超過40個商標大獎，還曾被《Rolling Stone》（滾石）雜誌評選為全球八大經典Logo之一。

該Logo不僅靠隱藏的箭頭呼應快遞的效率服務，還能以顏色區別不同的服務。例如橘色的Ex代表隔夜快遞、綠色的Ex為地面快遞……等等。而且因為新標誌的字數較少，以相同大小的Logo尺寸來說，新版的字母一定比舊版標誌更大，遠遠站著就能清楚辨識FedEx的貨車經過，兼顧優秀的宣傳品質。

不論是蘋果還是FedEx的Logo演化史，對從事設計工作的人來說，每一代的改變各有其藝術價值的可取之處；對企業來說，則是公司進化的里程碑。

最重要的，就是從任何角度來看，這些Logo都成功地與企業精神融合得恰到好處，即為「設計語言」的最高境界。

我們人在說話的時候，當務求精簡、有利、條理分明，Logo設計亦是。

7 大方分享公司Logo

與其給想要正當使用Logo的人帶來困擾，不如大方公開這些資源，反而更能為企業達到宣傳目的。

既然Logo是企業精神的象徵，許多公司不惜重金聘請世界級的設計大師為之操刀。隨著所有權的意識抬頭，不少企業為了保障商標的智慧財產權，並不會主動分享他們的Logo資源供大眾使用。

例如報章雜誌的記者，必須透過正規程序與公關部門聯繫，才能獲得官方認可的Logo使用權。但往往礙於截稿期限的壓力，與總公司的聯繫也非一時三刻就能得到授權（而且可能還有時差問題），更遑論要求眾多部落客按部就班請求官方授權的可能性更低。最後不是媒體放棄介紹該企業，就是大家在網路上搜尋圖庫、將就使用畫素解析度更小的Logo，影響閱讀者的觀感。

當然，這並不是說創業家不應該維護自己公司的商標版權，但是在網路如此普及而且科技發達的現代，透過非官方管道取得Logo的方式實在太多：網路下載、手機截圖、軟體繪製……等等，令人防不勝防。

與其給想要正當使用Logo的人帶來困擾，不如大方公開這些資源，反而更能為企業達到宣傳目的。

Logo資源的正式公開，除了給媒體方便之外，還能展現該企業對品牌及細節的重視，當然更能讓人留下好印象。另一個附加的好處，則是能確保網路上的Logo資料永遠會是最新、最正確的資料。

例如臺灣的KKBOX便提供這類服務（下載網址：http://www.kkbox.com/about/zh-tw/news/logo），並貼心提供多種配色的商標，讓使用者配合不同的背景顏色靈活運用。此外，還特別說明如何正確地使用這些Logo，像是KKBOX的正確寫法（必須全為大寫）、不得將商標放在句子或文章內、不得任意變更商標顏色……等等，無疑是免費宣傳的好方法。

套一句普普教父Andy Whole（安迪・沃荷）的名言：「在未來，每個人都能成名15分鐘」。在這21世紀的網路時代，我們不知道自己甚麼時候會透過網路一夕爆紅，但是身為創業者，當然也不會希望媒體引用的總是錯誤百出的企業商標。如果能在其他人都還沒意識到網路與Logo的強大影響力之前做好萬全準備，成功的機會必然指日可待。

Logo資源的正式公開，除了給媒體方便之外，還能展現該企業對品牌及細節的重視，當然更能讓人留下好印象。

8

打造品牌的推手：媒體（Media）

在我們現代人的生活中，已經很難與媒體完全切斷關聯。

早期因為資訊不像現代如此發達，人們獲得新知的方式，大多以報紙、雜誌和廣播為主。後來因為電視機的發明，一躍而成傳播消息的主流，確認並構築了傳統四大媒體的聯播世代。加上臺灣自民國76年解嚴，無疑為媒體開啟了自由言論的大門。

其後是網路的普及以及智慧型手機的崛起，在短短十數年的時間內，網路不只成為人們生活中最主要的訊息來源，也是當前第五大的傳播管道。

媒體功能隨之演變至今，也不再以傳遞訊息為主。相反地，許多企業或集團開始重金購買媒體，散播各式消費資訊，藉此吸引消費者。撇開媒體責任不談，媒體傳播訊息的速度、廣泛度和經濟效益，的確是營造品牌數一數二的好幫手。

尤其在我們現代人的生活中，已經很難與媒體完全切斷關聯——出門上班的路上，公車站、公車車身、捷運裡，甚至連路上的招牌看板，無處不是媒體。

但因為媒體的曝光費用動輒數十數百萬，並非所有創業家都有如此龐大的預算，而且在這媒體數量呈現爆炸成長的時代，常讓人不知該從何選購適合的媒體。把握以下幾個簡單的原則，用少少的錢，就能把錢花在刀口上。

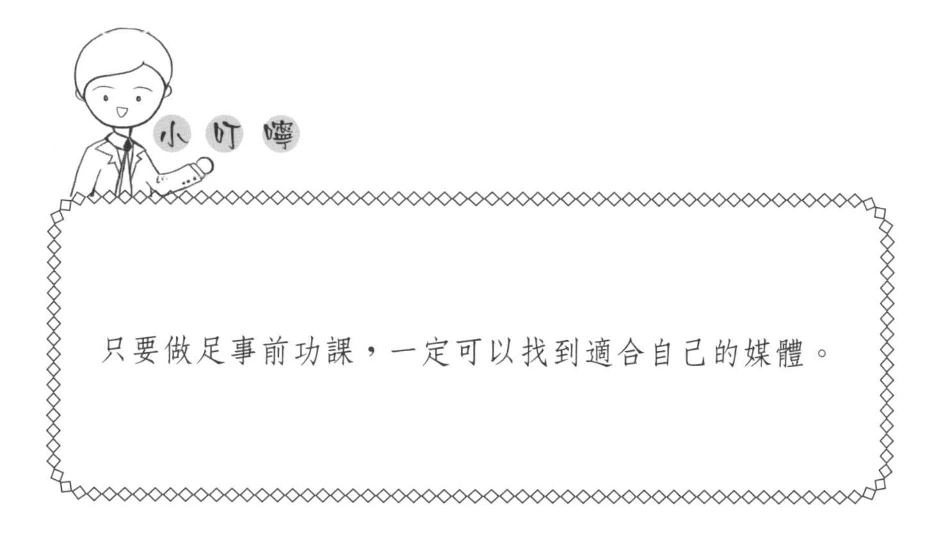

9

無所適從的媒體採購？

建立品牌印象固然需要時間，而且初期的廣告費一定較為昂貴，但公司也不能毫無廣告預算，只知道無限上綱地採購媒體。

俗話說：「機會是留給準備好的人」，媒體採購亦如是。事前如何做足基本的準備功課，建議可以先從以下幾個方面著手：

1.廣告的目的

「甚麼？廣告還有目的？就是讓越多人看到越好啊！」如果身為新進創業者的你資金雄厚，當然可以在一定時間內舖天蓋地大肆砸錢買廣告，而且不難想見這對打響公司知名度的效果不會太差。例如臺灣好幾年前出道的二男一女團體F.I.R，原本無人知曉，經過媒體大力的播送後，短時間內就成為家喻戶曉的明星團體。

或許有人覺得F.I.R的舉例失當，認為他們的竄紅應屬演藝圈常態，但反觀更多現在當紅的藝人，像是蔡依林，剛出道時曾發過一、兩張片但銷售狀況並不十分理想，後來無聲無息一段時間，再次出現就是《看我三十六變》的嶄新曲風與造型，才逐漸打下今日的天后江山。

又如超級名模林志玲，也不是一開始就成功站上世界舞台，而是經過數年的默默耕耘才有現在成就。第48屆金馬影帝阮經天也是當了七年臨時演員，甚至窮到連基本生活都成問題，最後才因《命中注定我愛你》一劇嶄露頭角。

所以雖然F.I.R的確擁有某種程度的實力，但是撇開藝人的個人因素，從以前到現在，也有許多實力派人物就此被淹沒在巨大的演藝海中，因此媒體操作的確扮演了舉足輕重的關鍵。

從現實的角度出發，並非每一位創業家都能像F.I.R這麼幸運，背後有他人的強力支持。貿然抱持「只要砸錢就能得到豐碩的成果」這種只有在想像中才會如此完美的藍圖下進行媒體操作，很可能還沒看到結果，公司就先因為無法負荷龐大的廣告費用而宣告倒閉。

想用最小的錢得到最大的效益，必須先從大方向的「廣告目的」著手。

廣告目的不外乎三種：打響品牌知名度、新品上市、宣傳活動。例如多年前從日本進軍臺灣通訊業的PHS，就曾強力播送與GSM的差別之處：低功率、費用便宜，以此兩大優點切入市場，讓消費者留下對該品牌的印象；我們隨意翻開報章雜誌，就能輕易看到建案廣告。

天母研、富春四季、一鼎苑……等等，這是新品上市的廣告；許多女性常會收到保養品專櫃的DM，內容可能是新上市的化妝水，也可能是回饋會員的護膚活動，後者則為活動宣傳。鎖定其中一種目的後，再來考慮怎麼樣的媒體配合能得到較好的效益。

2.廣告的期效

以傳統四大媒體的報紙、雜誌、廣播、電視而言，報紙因為每天都會出版，期限只有一天，屬於非常即時的媒體；多數雜誌則屬「月刊」制，少數為「雙周刊」或「雙月刊」，但廣告宣傳的期限都比報紙來得久。

廣播與電視的廣告播出時間，雖然從消費者的角度出發是不固定的，也就是我們不知道自己甚麼時候會看到廣告，也不知道會看到甚麼樣的廣告，但因為是全國性的，再加上現代人越來越不習慣閱讀，接收到此類廣告訊息的人數可能比報紙或雜誌來得高。

不過當中也有區域性的分別，例如南北臺灣能收聽到的廣播節目都不盡相同，當然，這裡只是粗淺的分類，因為這仍與各媒體屬性有著不可分割的關係，但對於新手創業家來說，若能結合廣告期效與期效，已經可以大致分出自己需要的是哪種媒體。

<table>
<tr><th>媒體類型</th><th>媒體期效</th><th>媒體特點</th></tr>
<tr><td>報紙</td><td>短，只有一天。</td><td>每日更新，十分即時，且臺灣的閱讀率高達80%以上，僅次於電視。</td></tr>
<tr><td>雜誌</td><td>約2周至2個月，介於報紙及廣播、電視之間。</td><td>定位最清晰的媒體，任何品牌都能找到對應屬性的雜誌。</td></tr>
<tr><td>廣播</td><td rowspan="2">視業主與廣告商購買的期效為主。計費方式以秒為單位，購買時間越長，費用越貴。</td><td rowspan="2">屬全國性的媒體傳播，可視廣告預算選擇時段。但因為南北差異，也有區域性的疑慮</td></tr>
<tr><td>電視</td></tr>
</table>

例如新進品牌為了打響知名度，當然會盡可能延長廣告期效，因為品牌印象的根植，並非一朝一夕可促成，所以報紙通常會是優先剔除的選項。

至於雜誌，雖然期限只有一至兩個月，但可因應公司屬性，決定是否需要在此類媒體曝光。像美國知名的Erno Laszlo，是近兩、三年才進軍臺灣市場的保養品牌，初期便大量在女性時尚雜誌刊登主力商品「死海礦泥皂」如何挽救匈牙利公主Stephanie婚姻的品牌故事，引起女性消費者的興趣，一舉達到品牌和商品宣傳的目的。

PHS初入臺灣市場則是請傳娟代言，拍攝低電磁波的廣告在各大廣播及電視播送，並以「一旦沒有健康，就沒有所謂的幸福」的廣告詞作為主打優勢。

建立品牌印象固然需要時間，而且初期的廣告費一定較為昂貴，但公司也不能毫無廣告預算，只知道無限上綱地採購媒體，應該設立一定時間的「品牌建立期」，其後再分配不同的廣告預算比例。

例如第一年的年度預算中，可能挪50%作為建立品牌之用，剩下的50%為宣傳新品及活動，第二年的品牌廣告費則可以調降至30%，視各企業的行銷規劃而有不同的媒體策略。

其次以新品上市的目的而言，很多時候會與活動宣傳合併進行，但兩者所需的廣告期效仍有差別。新產品通常過一段時間就會變成舊商品，這段「黃金期」往往也是推廣的好時機，所以廣告時效不必像品牌推廣的期限那麼長，只須一、兩個月左右的時間即可。但是單純推廣新產品卻沒有任何優惠，很難激起消費者的購買慾，所以大多會伴隨新品的促銷活動。

例如前述提過女性顧客會收到專櫃寄來的新品DM，往往伴隨VIP護膚會或特惠組的活動，而且大多會限制購買期限即為一例；或是最新型號的手機上市，旗艦店首賣日可能推出「買手機送藍芽耳機」的優惠。

包括電影的「首映會」，會吸引部分為了一睹明星風采的民眾而買票入場，也是新品上市與活動的結合。當然，有通則就有例外，像Apple的新品發售日總會讓許多蘋果迷大排長龍，這與公司的行銷計劃有關係，於此不贅述。

護膚會、首賣日、首映會這類的活動，因為只限於「特定的某一天」，廣告宣傳的效果當以「讓越多人知道這天有活動」越好。

但是從媒體放消息出去到活動當天的時間拖得越長，會特別抽空去參加的人就會越少——就像我們和朋友約吃飯都會盡量以近期為主，不太有人07月01日就先約08月20號的活動（除非是特殊目的），所以媒體曝光到活動當天的廣告期，最好能以一個月為限。

既然如此，我們就可以反推適合的媒體：具有即時性的電視和廣播，可以幫我們在最短的時間內達到高效率的訊息散播，會是不錯的選擇。

如果是非常大型的活動，例如臺北國際馬拉松比賽，因為較具特殊性，經費通常也會較充足，宣傳的期限就可以拉得更長，那麼報紙、雜誌就可以一併列入考慮。綜上所述，都只是最基本的準則，仍應以公司預算、商品及活動屬性為依歸，才能達到最大的廣告效益。

3.消費者族群

「一步錯，步步錯」，描述的是商場的現實與殘忍，因此動輒數十或數百萬的媒體宣傳，無疑是一份極度講求方向正確與效率的工作。媒體採購的工作有點像保險業務員尋找客戶。

學生（約22歲以下）通常會被列為優先剔除的族群，因為學生通常手上能動用的錢比較少。就算學生自己打工賺錢，懂得未雨綢繆的人也不多；年紀太大的客戶（約45-50歲以上）則可能位居第二，因為這個年齡層的人的健康狀況或許已經亮起紅燈難以過保，不然就是早已買了足夠的保險，因此將目標鎖定在25到40歲左右，是投資報酬率比較高的範圍。

同樣的道理，在媒體推廣任何品牌或商品前，必須先檢視該媒體的消費族群，包括消費者性別、年齡層、教育水準、經濟能力、購買習慣……等等。如果我們隨意翻開市售的兩本雜誌，便可窺見媒體運作的奧秘：很受女性歡迎、專門介紹服飾、保養、彩妝新資訊的雜誌。

除了像《Marie Claire》（美麗佳人）、《Vogue》這類以年紀較長的女性為消費族群的雜誌，還有《non no》、《ViVi》這種較為年輕化的書刊。前者的廣告頁多以女性精品服飾國際品牌居多，包括Chanel、LV、Hermes、Prada、Bottega Veneta……等，後者的廣告頁則以a la sha、Cantwo、Úniqlo……等價格較為親民的品牌為主。各種雜誌屬性不同，吸引購買的消費者族群也有所區別。

有人可能會提出疑問：「誰說買得起世界級精品的人，就不會買其他較便宜的品牌服飾呢？」我們可以以媽媽買皮夾為例，進行消費力的分析，就能得到問題的答案。

媽媽雖然買得起FENDI的小羊皮皮夾，但是考慮到個人社經地位的關係，還有皮夾款式的設計是否與年齡相襯……等問題，即使有其他品質也不差、價格更便宜的皮夾可以選，媽媽最後可能還是會買FENDI。而廠商基於廣告效益的考量，理所當然會依自家商品的屬性做為區別基準，選擇不同的曝光媒體。

當然，有時候即使是不同的目標消費族群，還是有可能互相重疊的。例如《商業週刊》或《經理人》這種偏向商業、管理、財經類的雜誌，與以男性時尚為主題的《GQ》雜誌相比較。

前者的廣告頁多以房地產建案、Benz、Patek Phillpe、商業講座……等廣告為主，後者則以Burberry、Dunhill、Mont Blanc……等男性時尚品牌的宣傳居多。但是買得起雙B車款的消費者，不論從年紀、購買能力、教育水準……等各方面來看，雖然仍有些微差異，卻與Mont Blanc目標族群的重疊性很高。如果自己是老闆，此時便可以斟酌是否需要加買媒體廣告。

4.廣告的預算

「廣告預算應該怎麼抓？抓多少？」是許多不論企業大小的老闆都會問的問題，更遑論新手創業者，必須先等公司營運穩定後，才有利潤餘額採購媒體，更該對廣告預算步步為營。

首先我們必須知道，除非廣告內容是由自己的公司一手包辦，不然廣告費並不會單純只是「買廣告的費用」，通常還會外加市場調查費、廣告設計費、廣告公司相關部門的行政費……等等。

許多人在發現廣告費背後的諸多名目後，以為由公司自行製作廣告比較省錢，卻沒有考慮到可能因此會增加很多人事開銷，以及公司文化、員工是否足以負荷工作量……等等更複雜的問題。出於「省事」的考量，通常建議還是打包委託給專業的廣告代理商就好。

在媒體上打廣告，是行銷操作最容易被看見的方法，但也是最昂貴的工具。而且說穿了，廣告預算如何分配，並沒有絕對正確的方式。

不過以下仍提供幾個較為簡單、業界比較建議的方法，教我們如何算出廣告預算：

a. 從類似的企業中模仿

不論是繪畫、設計還是寫作，許多人學習的第一步就是「模仿」，媒體採購也可以如法炮製：首先必須算出公司的廣告預算占總營收的比例，再用這算出來的數字，尋找有無其他類似比例的企業，觀望或分析對方的廣告效益如何。但是因為臺灣多以中小企業為主，不見得能輕易找到像大型企業那種公開的財務報表，不妨嘗試下一個方法。

b. 營收的5%

此處所指的營收，可以是「總銷售額」或是純「利潤」，可由業主自行定義。尤其對新手創業者來說，公司成立的前幾年，目的不在賺錢，只求開銷持平。待日後呈現正向成長時，也代表公司需要打響名氣，再挪用當中的5%作為廣告預算。採用此法的優點之一，就是預算不會超支，公司也能保有盈餘。其次，也比較容易看出利潤與廣告費的關聯，不至於讓業主覺得「錢好像丟到水裡」。

當然，5%只是個參考數字，業主仍可適時調整比例。例如銷售量增加的時候，可以降低廣告預算以減少開銷；或是公司今年有重要的新產品上市，例如iPhone這種劃時代的產品問世，理所當然會撥出較多的廣告經費，一切當以公司的行銷規劃為準則。

c. 公司財力評估

大多數企業都是有計畫性地策劃行銷策略，但也有不少公司並不會常態性地分配廣告預算，只有遇到重大事件——諸如前述FedEx就曾大舉更名，包括名片、運輸車、裝貨品的紙箱……等等都要重新印刷，官方網站也需要更新，更遑論媒體廣告也必須重新量身打造——可以用去年公司的財務報表為基準，或是評估今年的銷售狀況，即可算出概略的預算金額。

以上所舉皆為較保守的廣告預算初估法，但是也有人認為採取這種穩紮穩打的廣告路線，其實得到的回饋也只會中規中矩，唯有「創意」才是廣告的精髓。但是身為創業新手，最好還是先從以上業界建議的方式，踏出採購媒體的第一步為宜。

5.媒體曝光時機

常常我們看電影預告時，最後會看到「暑期強檔熱映中」或「情人節甜蜜上映」的字樣。如果我們仔細觀察的話，會發現各大節日上映的電影類型都不太相同。

例如由麥可貝執導的《變形金剛》系列，或其他由知名影星主演的動作片（像Bruce Willy或Tom Cruse）都會在暑假上映，原因是只有學生才有暑假，而這樣的電影類型正是青少年最喜歡的主題；情人節則以愛情電影居多，因為很多熱戀中的情侶，或是正在追求心儀女性的男性，可以用請對方「看電影」當作約會的理由。

農曆春節就會有喜劇片出現，因於大家認為過年就是圖個歡樂喜氣；聖誕節則以溫馨電影較多（其中當然也包括愛情小品，有時候很難清楚判斷電影類型的界線）。原來我們的一舉一動早就被行銷人員摸得一清二楚，是不是很驚人？

媒體曝光也有差不多的邏輯可循。例如電視收視率最高的時段，大多在晚間19～21點區間，理由是大家剛下班回到家，正好是一邊吃晚飯、看新聞，或是正在收看八點檔與偶像劇的時間。

廣播電台亦如是，早上的07～09點因為大家正準備開車上班，可能因為塞車被堵在路上，駕駛人又不能分心做其他事，只好被「強迫」聽廣播，晚上的下班尖峰時間也是如此。但我們也別高興得太早，對廣播或電視這種「分秒必爭」的媒體，越多人收聽收看的時段，價格相對越高。

活動的屬性，也可以掌握這種「與時間賽跑」的特性。例如春夏服飾上市的時間點正好在情人節之前，新品發表會主題及內容不妨以此為基礎，像是強調「穿著情侶裝參加活動的民眾，可以免費獲得限量情侶裝一套」。增加活動吸引力的同時，還能強化大眾前來參加的動機。

還有前述提過讓全家一炮而紅的草莓冰淇淋，也是因為推出的時間點正好就在情人節之前——粉紅色的冰淇淋不只讓人躍躍欲試，也是愛心的代表色——某種程度可以說正是把握了正確的時機，達到1+1+>2的宣傳效果。循著如此脈絡一路看來，我們也不難發現為什麼百貨公司每逢重大節日，總是順勢祭出各式各樣的優惠戰了。

「想要馬兒好，又要馬兒不吃草」，本來就是不可能的事。不過如果以為只要選擇熱門時段曝光就可以得到最大的廣告效益，無疑是亂槍打鳥，不見得是穩操勝算的方法，還是必須以公司屬性，以及消費族群的特性為主，才能事半功倍。

6.媒體的閱聽率

前述的媒體曝光時機是把一天24小時或一年365天做切割，找出視聽率最高的時間點。但是媒體本身的視聽率，則是說服業主同意合作的最後一根稻草。對出資者來說，既然都是要付費，當然挑越多人閱聽的媒體越好。以報紙為例，根據資料統計，青少年最喜歡閱讀的是蘋果日報，對於目標族群是青少年的公司來說，正是最好的選擇。

其次就是各版面的閱讀比重：一周內有看報紙的民眾，超過50%會看頭版要聞，接下來才是社會新聞和影劇娛樂，最後墊底的則是政治新聞和體育快報。也就是說，預算足夠的話，頭版廣告可以讓更多人看見。但是我們幾乎也可以想見，廣告費用必定所費不貲。退而求其次的話，把廣告放在社會版或影劇版，也可以達到不錯的宣傳效果。

如果從電視的角度出發，民眾最常收看的頻道依序是民視、TVBS和三立臺灣台；最受民眾歡迎的前三名節目類型分別是新聞氣象、綜藝節目，以及臺灣製作的連續劇。如果想要進一步分析收看者的詳細資料，可以從「節目」本身的屬性出發。例如「臺灣製作的連續劇」又可以被大致分為兩種：鄉土連續劇和偶像劇。

前者的年齡層較高，而且已婚者較多，所以像La New於2014推出的學生運動鞋，以「青春期的孩子運動量特別大，運動鞋消耗也快」為訴求的廣告，就很適合在這個時段播放，藉此刺激媽媽為孩子買鞋的動機；後者的年齡層較低，而且單身女性較多，只要目標消費者符合這類族群的廠商，當然選擇這種黃金時段曝光才能達到最大的廣告效益。

廣播也是差不多的情形：將近60%的臺灣人至今仍有收聽廣播的習慣，收聽率又以老字號的中央廣播電台奪魁，其次才是中廣FM流行網、中廣FM音樂網、中廣新聞網、飛碟聯播網。

身為聰明的業主，當然知道要選購哪個頻道的廣告。不過老話一句：閱聽率越高的媒體，收取的廣告費用就越貴。但是新進創業家不用因此就以為自己與廣告無緣，因為不論在世界的哪個地方，媒體數量永遠多得超乎我們想像。

只要做足事前功課，一定可以找到適合自己的媒體。更何況在這個先進的21世紀，我們還有可以「把不可能化為可能」的神奇工具——網路。

10

未來的趨勢：網路操作

「網路」那不可限量的未來，這也是新手創業者務必好好把握的課題。

「甚麼？洗臉也要用機器？不是用手就好了嗎？」，是許多消費者初次接觸洗臉機的反應。

說起洗臉，多數人應該還停留在「手上抹點洗面乳，雙手搓一搓，把泡泡往臉上抹一抹，清水沖一下」的操作步驟。但是臺灣近年十分當道的「洗臉機」，無疑顛覆了多數消費者對「洗臉」一事的印象。

2013年將洗臉機引進臺灣的萊雅集團，不但創下單日銷售額突破一千台的紀錄，2014年就有四個設於百貨專櫃的櫃點，成功拿下化妝品樓層第一名銷售業績的殊榮，擠下長年奪冠的SK-II。

萊雅憑著區區一台洗臉機，就能改變大眾行之有年「用手洗臉」的習慣，的確讓人覺得不可思議——「他們到底怎麼做到的？」，是許多行銷人目睹萊雅成功後的共同問題。有趣的是，萊雅集團從一開始就不打算走傳統的行銷路線，例如砸大錢買報章雜誌或電視的廣告，反而委託名人、部落客等人試用，藉此在網路論壇創造話題。

網路，這個二十世紀才發明的產物，在二十一世紀的今日，儼然成為企業不可忽略的行銷管道。萊雅集團相中網路行銷的未來，罕見地將所有行銷的籌碼壓在這條路上。當然他們這麼做的理由不只如此，還包括「口耳相傳的草根行銷」，因為「只有一種情況，你會願意花大錢買一個你不認識的牌子：朋友推薦！」。

雖然萊雅集團的網路行銷是一種創新的做法，但既然網路是由普羅大眾羅織而成的資訊網，每個人都有自己特殊的喜好，一定也會有不喜歡洗臉機、或是覺得洗臉機根本沒必要的人存在。果不其然，當柯萊麗淨膚儀（Clarisonic）成功創造出網路的話題性時，負面評論也隨之而來。

根據萊雅集團的統計，平均每100筆回應，就會出現20則負評。這樣的比例數據在乍看之下，的確有可能對公司造成品牌及信譽的損失，但換個方式想，萊雅其實獲得了網路上80%的好評，從此埋下他們成功的基石。

隨著萊雅集團打開臺灣的洗臉機市場，其他品牌也紛紛加入戰局，像是PHILIPS、Panasonic、Clinique……等等，還有其他新加入戰局的對手。不但價格都比柯萊麗淨膚儀更便宜，還有猛烈的行銷攻勢，諸如斥資重金買廣告、請名人代言，實在很難讓人吃得消。

但就是因為其他品牌在網路投資的心力較少，依然不改初衷的萊雅集團，還是將行銷重點放在網路，反而突顯出他們的優勢——網友討論的洗臉機品牌，仍以柯萊麗淨膚儀為主，最後甚至讓萊雅集團成功說服百貨公司業者，成為「洗臉機成功入駐百貨公司一樓化妝品區」的先驅。

當越來越多競爭者搶食洗臉機市場的大餅時，柯萊麗淨膚儀能否繼續維持品牌優勢，雖然還是未知數，但是萊雅集團透過創新的網路操作，才能穩坐今日龍頭寶座的位置，也是不爭的事實。我們從中不難看到「網路」那不可限量的未來，這也是新手創業者務必好好把握的課題。

11

網路行銷的前置條件

到底該讓讀者看到甚麼內容，就是網路行銷的關鍵。

不論是「打卡按讚」、部落客推薦，還是Facebook粉絲團，都是時下十分流行的網路操作模式。網路行銷之所以盛行，主要原因為網路和智慧型手機普及的關係，但是這都不代表只要透過網路行銷，就能挖出無限的商機，還必須考慮以下幾個條件：

1.設備添購及維護

談到網路行銷，很多人想到的都是「到底該怎麼做才能更多消費者」，卻忘了「行銷」二字的背後，常常也代表著財力。例如廠商舉辦試吃會，規模可大可小，端視預算多少，網路行銷當然也不例外。

我們都聽過「想要馬兒好，又要馬兒不吃草」這句話，但我們也知道這幾乎是不可能的事，更何況「網路」是必須有「設備」才能運行的管道——沒有添購設備的預算，根本不可能執行網路行銷。而且網路行銷最大的優點，就是最新的、第一手訊息的傳遞，高效率的電腦主機以及高速的網路傳輸專線，都是不能忽略的添購重點，因此網路設備是無論如何都省不了的投資。

有人可能會想：「我只是開店做點小生意，不用花十幾萬買那麼專業的電腦設備。」。這樣的作法當然也行得通，但是難保我們不會有擴大經營的時候，此時需要專業人員定期維護設備的費用，就會變得相當可觀。所謂「工欲善其事，必先利其器」，想要投身網路行銷，必須先考慮購買設備的預算問題。

2.曝光內容

要說網路行銷是一件簡單的事，也確實不難，只要人在電腦輸入幾個字，然後點擊「發送」鍵就完成了；但是要說困難，也的確不簡單：到底該讓讀者看到甚麼內容，就是網路行銷的關鍵，建議可以先從使用該網站的人口結構及習慣著手。例如從年齡層分布來看，使用Facebook的人，從十幾歲的青少年到五、六十歲的中老年人都有，年齡層比較廣泛。

如果公司欲推廣商品的消費者族群正好落在這個區間，而且使用者為數眾多，那Facebook就會是一個不錯的行銷管道。此外，還要考慮到Facebook呈現的介面，並不像部落格那樣適合長篇大論，所以行銷文字務求簡潔有力，或直接貼一張圖吸引大眾注意，再附上外部連結，才會有讓人點進去看的動機。

臺灣十分盛行的LINE，使用人口的年齡層分布不但和Facebook一樣廣泛，使用人數甚至可能更多。但是LINE與Facebook最大的不同，就是前者是由智慧型手機發展而來，沒辦法像後者那麼圖文並茂，卻具有更迅速的特性，非常適合傳達即時性的消息，像是「就是明天！08／08父親節滿3,000送300的超值特賣會！」這種活動宣傳，目的以傳遞訊息為主。

至於部落格，則和Facebook、LINE有截然不同的特性。點閱部落格的使用者，可能帶著較多特殊目的，才會被某個主題的部落格吸引點進來，方便我們分析使用者族群。

例如想要知道「Apple的Mac Pro到底功能有多強大」的人，可能本來就是從事多媒體的人，因為一般人不太可能買一台要價超過十萬的電腦。如果自己正是販售手繪板的廠商，就可以考慮開一個專門介紹電腦繪圖相關軟硬體的部落格，吸引這類專業人士登門造訪。

以上所提都是網路行銷的運用實例，重點在於如何抓到使用這些網路媒體的特性並發揮其所長，才能達到事半功倍的宣傳效果。

3.互動方式

有些企業喜歡花錢買網路廣告，例如在知名部落客的部落格置入廣告，或是購買「關鍵字廣告」，讓我們使用搜尋引擎查找某些關鍵字時，第一個就能看到他們顯眼的公司名稱與官方網站，這也是網路行銷的一種方式。

但尷尬的是，雖然這些廣告的確所費不貲，卻不見得能達到有效的宣傳效果，部分原因在於消費者不是笨蛋，明知那是廣告，還花時間點進去瀏覽。想要解決這種困境，不如創造一個可以與消費者產生互動的空間。

這裡所謂的「互動」，並不是指舉辦網路活動，像是票選、留言抽獎這種，而是一門網站設計的藝術。這有點像我們在家看電視，手上拿著遙控器卻不停轉換頻道的概念，總要把全部的頻道都看過一遍，最後可能連自己都累了，才不得不從中選一個「比較有興趣」或「比較不難看」的節目。

使用者瀏覽網路的心態也差不多如此，只有少數人是帶著明確的目標上網找資料，大多數人仍是漫無目的地隨意逛網頁。如果公司的官方網站設計得當，當然比較有機會吸引特定消費者的注意，甚至引起他們仔細瀏覽該網站、以及公司商品的興趣，不啻是另一種成功的網路行銷，而非流於讓人驚鴻一瞥的數位資料。

許多世界知名的時尚品牌，像是Chanel、LV、FENDI……等等，其官網不但具有強烈的設計元素，往往也能與品牌形象完美結合，有時候甚至還有最新的秀場視訊或美輪美奐的電腦桌布與螢幕保護程式供下載。

除了能讓該品牌的愛好者定時上來看看最新資訊，就算是不經意路過的網路使用者，像是從事設計相關的工作人士，也很難不被吸引；換個方式想，既然決定使用網路的行銷方式，該花的錢本來就省不了，當然要做得有聲有色，才是提高經濟效益的做法。

4.行銷組合

網路固然是現代行銷的主流，但不代表有網路行銷就可以否定其他方式行銷。每種行銷方法都各有其長處，如報紙具有全國且立即性的傳播特性，雜誌廣告可讓我們的商品看起來更具消費吸引力，好的電視廣告則有引起消費者共鳴的感動……等，網路行銷不過是有著其他行銷管道所沒有的優點而已，如何相互運用、截長補短，才是致勝的行銷之道。

12

網路行銷運用方式

只有真正能打動人心的廣告，才能引起消費者共鳴，達到最佳的影音行銷目的。

無數企業透過網路行銷，證實了只要用對方法，的確可以有效提升銷售業績一事。但也因為網路行銷有許多種操作方式，而且網路世界不受控制的因素太多，例如消費者可以自由發表個人意見，影響網路行銷的成效，所以網路行銷也像兩面刃。即使如此，各大企業仍前仆後繼地加入這塊戰局，可見必有其吸引人的地方，所以先挑幾個我們比較常見、並且宣傳效果不錯的方式供大家參考：

1.部落格推薦

很多人大概有這樣的習慣：與朋友聚餐卻不知道該約在哪裡，不如輸入網路關鍵字，就能看到許多美食部落客的網路評比，再決定去哪一間餐廳。這些數量龐大的網路資料，並非全部都是一開始就為了網路行銷的目的而存在。許多素人部落客原本只是因為單純喜好某一項事物，諸如相機、旅遊、美食、電影……等，願意在部落格分享個人實際使用的經驗給大家參考，像是開箱、試用。對消費者來說，這種「背後沒有廠商利益」的推薦文，不但比「付費的廠商廣告」更具可信度，再加上網路的普及和智慧型手機的發明，「部落格」因此成為民眾擷取訊息的重要管道。

腦筋動得飛快的廠商，馬上看見部落格的操作價值，由此衍伸出兩種最常見的行銷手法：一種是免費將旗下商品送給知名部落客使用，請他們在部落格寫下推薦文，另一種是付費給寫手或工讀生，專門在網路上推薦自家企業。時至今日，這樣的操作手法雖然已經屢見不鮮，但是部落客為了維護個人部落格的聲譽，往往會在文章標題標明「廠商試用文」、「廣告推薦文」等字樣，讓人一看就知道這篇推薦文是受廠商所託才寫的。

有趣的是，理論上來說，既然推薦文被特別備標註這些字樣，就代表這篇文章並不是部落客在沒有利害關係的情況下主動推薦，例如廠商可能免費送商品給部落客試用，或是廠商與部落客進行廣告交換，但對消費者來說，還是具有某種程度的可信度，而不像一般廠商花錢買的廣告那樣，讓人看一眼便自動跳過，主因在於部落格的經營並非一朝一夕。

部落格或部落客的人氣，往往是經過無數大眾試用後，發現該部落格所言不假，逐日逐年累積而來。就算部落客受廠商之託，也不會把不好用或不好吃的東西寫得很棒，因此就算部落客與廠商的確有利益交換，也不妨礙推薦文的可信度。換句話說，這就是個人品牌形象的塑造。

部落格推薦的另一個特點，就是萊雅集團當初將全部的行銷火力集中於網路的理由：草根行銷（又稱口碑行銷、病毒式行銷）。廠商花錢打廣告，是為了吸引消費者購買，目的意味濃厚。但是部落客就不一樣了，他們原本只是與消費者一樣普通的大眾，就算因為他的推薦而讓某商品大賣，部落客並不會從中得利，他們只是秉持「分享好東西」的概念寫出推薦文，當然能獲得廣大消費者的支持。

但如果是廠商付費給寫手或工讀生，則不可同日而喻。美國《New York Times》（紐約時報）就曾寫過一篇報導，找出19間雇用網路寫手在Google、Yelp、Citysearch、Yahoo等各大網站撰寫不實評論的企業，並裁定開罰35萬美金。

臺灣Samsung也曾被網友踢爆，發現他們雇請寫手或要求自家員工裝成網友分享使用心得，企圖影響網路輿論，後來被公平交易委員會罰款1,000萬台幣，稱為「三星寫手門事件」。甚至還有《蘋果日報》的記者臥底行銷公司，被要求在各大網路論壇裝男扮女開帳號，專門負責留言、推文，還不能被發現一切都是自導自演，目的是為了提升指定商品的形象。

在網路充斥的現代，消費者已經很難分辨到底哪些屬於真心推薦、哪些是廠商的廣告操作。「廣告」的目的不外乎提升或維持企業形象、引發購買、或增進產品區別性。我們的生活信手捻來都是行銷和廣告，只要廠商的網路推薦文不要寫得太離譜，仍屬不錯的網路行銷模式。

2.關鍵字廣告（Keyword Search Marketing）

對於常用搜尋引擎的人來說，「關鍵字廣告」並不陌生。例如我們要搬家，但不知道找哪間搬家公司，上網搜尋的結果，會發現總有幾間公司網址被排在最前，是因為這些企業買了「關鍵字廣告」。

「關鍵字廣告」顧名思義，指的就是「關鍵字」的「廣告」，只有在消費者輸入特定的關鍵字時才會顯現出來。計費方式以「次」為主，而且是消費者點入關鍵字廣告後才確認收費，視各搜尋網站的定價為主。

所以可想而知，長年累月下來，也是一筆不小的廣告開銷，往往只有中型偏大型以上的企業才負擔得起。

當然，這並不是說小型企業就注定與關鍵字廣告無緣，但必須花較多心思在設定「關鍵字」。前述搬家公司的例子，我們很輕易就能知道關鍵字是「搬家」。

但如果是比較複雜或複合的商品，像是美妝往往包括保養與彩妝，前者又分化妝水、面霜、面膜，後者也有眼影、粉底液、蜜粉……等分類，所以如何花最少的錢盡到最大廣告效益，則是另一門行銷學問。

對消費者來說，關鍵字廣告無疑提供了很好的選擇——「搬家」一事在臺灣並沒有明確的領導品牌，消費者當然也沒有品牌概念。但這些願意購買關鍵字的搬家公司，大部分不但具有較可信的服務品質，也代表該企業很重視行銷操作，一定會更在意公司形象。雖然相對的缺點就是價格可能比較昂貴，消費者只能自行斟酌，但無論如何，關鍵字廣告無疑是網路行銷的一大利器。

3.影音行銷

以前只有電視的年代，新聞來源永遠是電視台優先報導。但是在網路世界，人們開始產生互動，而不像電視那樣只能「單向」地向大眾傳遞訊息。例如臺灣很多新聞台的新聞都是從網路擷取而來，便是一例。廣告商們因此窺見影音行銷的契機——藉由網路散播有趣的影片讓大眾瘋狂點閱，不但可以創造網路話題，當然也有可能反過來被電視媒體宣傳，是一石二鳥的行銷方法。

以往主打「泡牛奶更好吃」和「非常適合拜拜」的孔雀餅乾，最新的影音行銷方式就是請網友提供「怎麼樣才能讓孔雀餅乾更好吃」的想法，並請楊祐寧為廣告主角，專門示範這些吃法。雖然不少網友的建議天馬行空，但廣告團隊仍如實地呈現，因此增加廣告的娛樂與話題性。

立頓奶茶也在2013請彭于晏擔任男主角，拍攝總共三集主題不同的廣告。每一部都不超過十分鐘的「微電影」，不但引起網友的討論，藉由Facebook這種連結網站的交互分享，成功地讓更多人看見廣告。

影音行銷的關鍵，在於影片能夠「多有趣」，十分仰賴創意思維。但誠如已故的廣告教父孫大偉所言：「好廣告經得起時間考驗，當下完成銷售目標，之後卻能回味雋永。」。只有真正能打動人心的廣告，才能引起消費者共鳴，達到最佳的影音行銷目的。

13

退場時間點：仍有盈餘就是好timing

一間必須退場的公司，大概只有兩種狀況：破產和被收購。不論是哪一種結果，都代表了公司營運能力不足的事實。

論當初自己創業的理由是甚麼，既然選擇創業一途，沒有人希望鎩羽而歸。但是不得不說，創業無疑是一種冒險的投資——就算我們事前做了充足的功課，也不代表絕對穩賺不賠，頂多只能將倒閉風險降到最低，所以生活中時常耳聞某人創業失利的故事。

但是因為多數人不喜歡創業前就想著失時該如何應對，感覺好像在「唱衰」自己，因此很多教我們如何創業致勝的理論，也鮮少提及如何因應「倒閉」一事。我們不要忘了當專家們說創業家需要冒險犯難的精神、樂觀進取的態度和「深謀遠慮」的特性時，眼界不只要比別人更寬、更遠，預先盤算好失敗時該如何全身而退，也是「深謀遠慮」的表現。

創業的退場機制

一間必須退場的公司，大概只有兩種狀況：破產和被收購。後者聽起來好像比前者好一點，因為起碼還有收購金，感覺好像不無小補，但實際上，不論是哪一種結果，都代表了公司營運能力不足的事實。

不過大部分人不太會願意承認是自己能力不足的關係才導致創業失敗，就像俗話說「不見棺材不掉淚」，多數創業家直到回天乏術的那一刻，才不得不面臨如此殘酷的現實。又如股票投資的「買高賣低」，也是因為不甘心認賠出場，寧可等著不知道甚麼時候才可以連本帶利回收的希望，直到股價滑落谷底才認賠售出，這是身而為人的天性。

雖然很多創業成功的企業都曾面臨諸多不如意，選擇咬緊牙關、堅持到底，最後才幸運地「關關難過關關過」，成就「柳暗花明又一村」，所以我們也不應該鼓勵創業家抱持「遲早都會失敗」的心態投入市場，但更多時候，「好死不如賴活」不見得是最好或唯一的選擇。拖累自己還算是最低程度的傷害，一旦連累家庭，甚至是家族時，失去的不只是金錢財物，可能還包括個人信用、聲譽、家人間的感情……

等等，到時候連後悔都莫及。身為聰明的創業家，當然要避免讓自己陷入如此難堪的局面，不如趁著公司營利尚有盈餘時，見好就收。此處所指「見好就收」的意思並不是要創業家們成為不肖商人掏空公司、中飽私囊，而是不要逼自己走入死胡同。但到底甚麼時候是適當的退場時間，則視個人有所不同。

舉例來說，1998年的電影《You’ ve Got Mail》（電子情書），故事背景便是Meg Ryan（梅格・萊恩）經營的獨立童書店，難以抵擋Tom Hanks（湯姆・漢克斯）旗下連鎖書店那猶如大敵壓境的競爭，最終不得不宣告倒閉。雖然男女主角的結局仍以喜劇收場，但如果自己就是劇中的獨立書店老闆，又該如何因應那股連鎖書店崛起的趨勢？身為觀眾，我們只能在電影中看見Meg Ryan的抵死不屈：她寧願拒絕對手提出優渥的併購條件，並嘗試舉辦活動，希望能藉此挽回書店的業績，依然失敗告終。

電影中並沒有、也沒有必要說明這間獨立書店倒閉時到底財務狀況如何，但是就當時的時代來說，連鎖書店是一種趨勢——就像現在網路書店及電子書的崛起——如果我們有絕佳的創意與破釜沉舟的決心，可以從困境中另尋生存之道，可能還有姑且一試的價值；如果沒有，再加上幸運女神不太可能無故降臨，又何必為了掙一口氣讓自己落得進退兩難的局面？

成功雲 15

出 版 者／雲國際出版社
作　　者／徐旻蔚
繪　　者／金城妹子
總 編 輯／張朝雄
封面設計／艾葳
排版美編／YangChwen
出版年度／2015年02月

郵撥帳號／50017206 采舍國際有限公司
（郵撥購買，請另付一成郵資）
台灣出版中心
地址／新北市中和區中山路2段366巷10號10樓
北京出版中心
地址／北京市大興區棗園北首邑上城40號樓2單元709室
電話／（02）2248-7896
傳真／（02）2248-7758

全球華文市場總代理／采舍國際
地址／新北市中和區中山路2段366巷10號3樓
電話／（02）8245-8786
傳真／（02）8245-8718

全系列書系特約展示／新絲路網路書店
地址／新北市中和區中山路2段366巷10號10樓
電話／（02）8245-9896
網址／www.silkbook.com

20幾歲一定要懂的創業策略／徐旻蔚著. --
初版. -- 新北市：雲國際,
2015.02　面；　公分
ISBN 978-986-271-579-6 (平裝)
1.創業 2.企業管理
494.1　103027834